水果手册

健康篇

张明◎主编

江西科学技术出版社
·南昌·

图书在版编目（CIP）数据

水果手册. 健康篇 / 张明主编. -- 南昌 : 江西科学技术出版社, 2017.11
ISBN 978-7-5390-6127-6

Ⅰ. ①水… Ⅱ. ①张… Ⅲ. ①水果—基本知识 Ⅳ. ①S66

中国版本图书馆CIP数据核字(2017)第272536号

选题序号：ZK2017242
图书代码：D17104-101
责任编辑：张旭 刘九零

水果手册.健康篇
SHUIGUO SHOUCE JIANKANG PIAN
张明 主编

摄影摄像 深圳市金版文化发展股份有限公司
选题策划 深圳市金版文化发展股份有限公司
封面设计 深圳市金版文化发展股份有限公司
出　　版 江西科学技术出版社
社　　址 南昌市蓼洲街2号附1号
邮编：330009 电话：（0791）86623491 86639342（传真）
发　　行 全国新华书店
印　　刷 深圳市雅佳图印刷有限公司
开　　本 720mm×1020mm 1/16
字　　数 180千字
印　　张 12
版　　次 2018年1月第1版 2018年1月第1次印刷
书　　号 ISBN 978-7-5390-6127-6
定　　价 35.00元

赣版权登字：-03-2017-390

Preface 序言

不同颜色的水果营养搭配

水果是指多汁且大多数有甜味可直接生吃的植物果实，不但含有丰富的营养，且能够帮助消化。水果是对部分可以食用的植物果实和种子的统称，有降血压、减缓衰老、减肥瘦身、保养皮肤、明目、抗癌、降低胆固醇、补充维生素等保健作用。生活中的水果颜色可以说是五彩缤纷，颜色艳丽的水果看起来就倍有味道。其实不同颜色的水果的营养价值和养生效果各不相同，了解它们的特性才能更合理地搭配！

本书使用说明

名称

根据日常使用的标准订定名称。

食材概况

水果的营养、功效等。

基本信息

水果的拉丁学名、原产地、类别。

食材写真

展现水果的高清图片，以及主要营养素。

营养与功效

剖析水果的营养成分及其对人体健康的影响和功效。

食用宜忌

食用水果的注意事项。

营养分析含量表

水果的营养成分表。

橙黄色水果

香蕉

学名：Musa nana Lour.
分类：芭蕉科芭蕉属
原产地：亚洲东南部，中国台湾、海南、广东、广西等

大自然赐予人类的保健佳果

香蕉的维生素 A 含量高，能够舒缓神经系统、稳定情绪、减轻压力感，起到镇静效果。古印度和波斯民间认为，金色的香蕉果实乃是“上苍赐予人类的保健佳果”。

维生素 A：维生素 A 能增强对疾病的抵抗力，维持正常的生殖力和视力需要。

营养与功效

❶ 香蕉含有多种微量元素和维生素。它除了能平稳血清素和褪黑素外，还含有镁元素，适合工作压力较大的朋友食用。

❷ 香蕉还是女士们钟爱的减肥佳果。香蕉含有称为“智慧之盐”的磷，还有丰富的蛋白质、钾及维生素 A、C，是相当好的营养食品。

营养分析含量表

（每 100 克含量）

热量	91 千卡
水分	74 克
蛋白质	1.3 克
脂肪	0.2 克
碳水化合物	23.7 克
钠	0.0004 克
维生素 A	0.0023 克
膳食纤维	1.6 克

食用宜忌

香蕉适宜发热、口干烦渴、喉癌、痔疮、癌症病人及放疗、化疗后食用；适宜解酒者食用；适宜高血压、冠心病、动脉硬化者食用；同时，对便秘、消化不良等症状有良好效果。

002

Chapter 1 橙黄色水果——刺激食欲

002 香蕉 Musa nana Lour.
004 芭蕉 Musa basjoo Siebold
006 芒果 Mangifera indica L.
008 桃子 Amygdalus persica L.
010 菠萝蜜 Artocarpus heterophyllus Lam.
012 橘子 Citrus reticulata
014 柑子 Citrus reticulata Blanco
016 柠檬 Citrus limon (L.) Burm. f.
018 蛋黄果 Lucuma nervosa A.DC
020 柚子 Citrus maxima (Burm) Merr.
022 金橘 Fortunella margarita (Lour.) Swingle
024 橙子 Citrus sinensis
026 杨桃 Averrhoa carambola L.
028 杏子 Armeniaca vulgaris Lam.
030 枇杷 Eriobotrya japonica (Thunb.) Lindl
032 柿子 Diospyros Kaki L.f
034 菠萝 Ananas comosus
036 凤梨 Ananas comosus (Linn.) Merr.
038 黄皮果 Clausena lansium (Lour.) Skeels
040 榴莲 Durio zibethinus Murr
042 榴莲蜜 A.champeden Spreng
044 百香果 Passiflora edulis Sims.
046 木瓜 Chaenomeles sinensis (Thouin)Koehne
048 哈密瓜 Cucumis melo var. saccharinus
050 龙功果 Lansium domesticum
052 佛手柑 Citrus medica L. var. sarcodactylis Swingle
054 沙棘 Hippophae rhamnoides Linn.
056 酸浆 Physali alkekengi L.
058 酸角 Tamarindus indica

目录 CONTENTS

Chapter 2 红色水果——延缓衰老

草莓 Fragaria ananassa Duch. 060

苹果 Malus pumila 062

沙果 Malus asiatica Nakai 064

海棠果 Calophyllum inophyllum L. 066

山楂 Crataegus pinnatifida Bunge 068

圣女果 LycopersivonesculentumMill. 070

覆盆子 Rubus idaeus L. 072

蔓越莓 Oxycoccos 074

西瓜 Citrullus lanatus (Thunb.) Matsum. et Nakai 076

石榴 Punica granatum L. 078

无花果 Ficus carica Linn. 080

西柚 Citrus paradisi Macf. 082

樱桃 Cerasus pseudocerasus 084

醋栗 R. sativum 086

酸枣 Ziziphus jujuba Mill. var. spinosa (Bunge) Hu ex H. 088

李子 Prunus salicina Lindl. 090

大枣 Ziziphus jujuba Mill. 092

椰枣 Phoenix dactylifera 094

沙枣 Elaeagnus angustifolia Linn. 096

莲雾 Syzygium samarangense 098

拐枣 Hovenia dulcis. 100

Chapter 3 绿色水果——稳定情绪

101 莱姆 Citrus aurantifolia (Christm.) Swingle

104 牛油果 Butyrospermum parkii Kotschy

106 槟榔 Areca catechu L.

108 罗汉果 Siraitia grosvenorii

110 橄榄 Canarium album (Lour.) Raeusch.

112 梅子 Prunus

114 甜瓜 Cucumis melo L.

116 猕猴桃 Actinidia chinensis Planch

118 奇异果 Actinidiaceae

120 火参果 Cucumis Metuliferus

122 榆钱 Ulmus pumila L.

124 水果黄瓜 Cucumis sativus L.

126 芦荟 Aloe vera

128 薜荔果 Ficus pumila Linn.

Chapter 4 紫黑色水果——营养齐全

130 葡萄 Vitis vinifera L.

132 黑提 Vitis vinifera

134 黑莓 Rubus mesogaeus

136 蓝莓 Vaccinium Spp

138 黑加仑 Ribes nigrum L.

目录 CONTENTS

桑葚 Fructus Mori 140
仙人掌果 Opuntia ficus ~ indica 142
黑布林 plum 144
车厘子 Cerasus pseudocerasus 146
西梅 California prune 148
杨梅 Myrica rubra (Lour.) S. et Zucc. 150
嘉宝果 Myrciaria cauliflora Berg 152
苹婆 Sterculia nobilis Smith. 154

Chapter 5 白色水果——减肥必备

椰子 Cocos nucifera L. 156
山竹 Garcinia mangostana L. 158
火龙果 Hylocereus undulatus Britt 160
番石榴 Psidium guajava Linn. 162
芭乐 Psidium guajava L. 164
释迦 Annona squamosa 166
梨 Pyrus spp 168
甘蔗 Saccharum officinarum 170
荔枝 Litchi chinensis Sonn. 172
红毛丹 Nephelium lappaceum L. 174
雪莲果 Smallanthus sonchifolius 176
人参果 Solanum muricatum Aiton 178
蛇皮果 Salacca zalacca. 180
马蹄 Heleocharis dulcis (Burm. f.) Trin. 182
菠萝莓 Pneberry 184

Chapter 1

橙黄色水果——刺激食欲

橙黄色系果蔬的共性是它们富含抗氧化剂，能抵御慢性疾病（包括癌症和心脏病）。同时这些水果有很好的提高免疫力、促进皮肤和眼睛的细胞生长的效果，还有一定的抗癌作用以及不错的减肥效果，在抵御疾病方面也颇有助益！多食橙黄色水果可以健脾开胃、振奋胃气、利水渗湿。

橙黄色水果

香蕉

学名：Musa nana Lour.

分类：芭蕉科芭蕉属

原产地：亚洲东南部，中国台湾、海南、广东、广西等

大自然赐予人类的保健佳果

香蕉的维生素 A 含量高，能够舒缓神经系统、稳定情绪、减轻压力感，起到镇静效果。古印度和波斯民间认为，金色的香蕉果实乃是“上苍赐予人类的保健佳果”。

维生素 A：维生素 A 能增强对疾病的抵抗力，维持正常的生殖力和视力需要。

营养与功效

❶ 香蕉含有多种微量元素和维生素。它除了能平稳血清素和褪黑素外，还含有镁元素，适合工作压力较大的朋友食用。

❷ 香蕉还是女士们钟爱的减肥佳果。香蕉含有称为“智慧之盐”的磷，还有丰富的蛋白质、钾及维生素 A、C，是相当好的营养食品。

营养分析含量表

（每 100 克含量）

热量	91 千卡
水分	74 克
蛋白质	1.3 克
脂肪	0.2 克
碳水化合物	23.7 克
钠	0.0004 克
维生素 A	0.0023 克
膳食纤维	1.6 克

食用宜忌

香蕉适宜发热、口干烦渴、喉癌、痔疮、癌症病人及放疗、化疗后食用；适宜解酒者食用；适宜高血压、冠心病、动脉硬化者食用；同时，对便秘、消化不良等症状有良好效果。

选购妙招

以果实肥大、果皮外缘棱线较不明显、尾端圆滑者为佳。香蕉出现一些棕色斑点时，食味较佳。选购时留意蕉柄不要泛黑，如出现枯干皱缩现象，很可能已开始腐坏，不可购买。

储存方法

香蕉不宜保存，容易腐坏，可用清水冲洗几遍，用抹布擦干后，用几张旧报纸将香蕉包裹起来，放到室内通风阴凉处，注意接触面尽量小。或直接将整串香蕉悬挂起来，同样能延长保存时间；或将未成熟的香蕉放入冰箱内贮存，能使香蕉保鲜较长时间，即使外皮变色，里面也一样新鲜。

香蕉吐司卷

原料：

吐司 4 片，香蕉 2 根，黄油少许

做法：

❶ 吐司去边，对角切。

❷ 香蕉切片。

❸ 在切好的吐司上可依据个人口味涂抹一些炼乳、黄油或果酱等。

❹ 码上切好的香蕉片，把吐司卷起来，定型。

❺ 用淡盐的黄油文火煎，至双面变色即可。

< 水果搭配营养升级推荐 >

❶ 香蕉 + 银耳

银耳有养阴润肺、生津整肠之效。

❷ 香蕉 + 玉米须

玉米须有清热解毒、利尿降压的功效。

❸ 香蕉 + 纳豆

纳豆富含多种营养素，常吃可以预防便秘、腹泻等肠道疾病，提高骨密度，预防骨质疏松，调节血脂。

橙黄色水果

芭蕉

学名：Musa basjoo Siebold

分类：芭蕉科芭蕉属

原产地：原产琉球群岛，中国多地有栽培

家中常备润肠水果，老少咸宜

芭蕉与香蕉的营养价值差不多，从中医角度讲，都有润肠通便功效，但香蕉性凉，芭蕉中性，故胃寒者不宜多吃香蕉，一般老年人宜吃芭蕉。芭蕉的果肉、花、叶、根中均含有丰富的微量元素及多种化合物成分，药食兼用，营养丰富。

果糖：果糖是一种最为常见的己酮糖，存在于蜂蜜、水果中，和葡萄糖结合构成日常食用的蔗糖。果糖是单糖，分子较蔗糖小，渗透压比蔗糖高出一倍，能较快地穿透细胞组织，有利于抑制食品表面微生物生长，防腐性能好。

营养与功效

❶ 芭蕉含有大量糖类物质及其他营养成分，可充饥、补充营养及能量。

❷ 芭蕉性寒，能清肠热；味甘，能润肠通便，可治疗热病烦渴等症。

❸ 芭蕉能缓和胃酸的刺激，保护胃黏膜。

❹ 芭蕉中含血管紧张素转化酶抑制物质，可以抑制血压的升高。

❺ 芭蕉果肉中的甲醇提取物对细菌、真菌有抑制作用，可消炎解毒。

❻ 芭蕉中大量的碳水化合物、膳食纤维等可以防癌抗癌。

❼ 芭蕉性寒，味甘，入肺、大肠经，具有清热、生津止渴、润肺滑肠的功效，主治温热病、口烦渴、大便秘结、痔疮出血等症。

营养分析含量表

（每 100 克含量）

水分	68.7 克
蛋白质	0.8 克
脂肪	0.4 克
碳水化合物	27.4 克
膳食纤维	0.5 克
灰分	1.2 克
钙	0.018 克
磷	43 克
铁	0.0017 克

食用宜忌

专家提醒，应选择在饭后或不是饥饿状态时吃芭蕉。

选购妙招

优质芭蕉果皮呈鲜黄或青黄色，梳柄完整，无缺只和脱落现象。单只芭蕉体态弯曲，果实丰满、色泽鲜亮、果面光滑，无斑、无疤、无霉菌，果实易剥离，果肉稍硬。

储存方法

如果想让芭蕉保鲜时间长些，可以将整把芭蕉拆开，用保鲜膜将每一根芭蕉的根部裹紧。或在切开的芭蕉根茎部抹点柠檬汁或食醋也有助于防止变成褐色。

芭蕉苹果酸奶昔

原料：

芭蕉 100 克，苹果 80 克，酸奶 100 克

做法：

❶ 将洗净的芭蕉去皮切丁。

❷ 洗好的苹果去蒂，对半切。

❸ 将切好的芭蕉和酸奶倒入榨汁机，盖上盖。

❹ 将榨好的果汁奶糊装入杯中即可。

< 水果搭配营养升级推荐 >

❶ 芭蕉 + 绿豆

绿豆的药理作用为降血脂、降胆固醇、抗过敏、抗菌、抗肿瘤、增强食欲、保肝护肾。

❷ 芭蕉 + 猪骨

猪骨除含蛋白质、脂肪、维生素外，还含有大量磷酸钙、骨胶原、骨黏蛋白等。

❸ 芭蕉 + 白糖

能清热润肠、生津止渴。

橙黄色水果

芒果

学名：Mangifera indica L.

分类：漆树科芒果属

原产地：印度、孟加拉、中南半岛、马来西亚和中国

有效抑制癌细胞生长的抗癌水果

芒果为著名的热带水果之一，因其果肉细腻、风味独特，深受人们喜爱。芒果果肉中的芒果酮酸有抗菌消炎、防癌抗癌的作用。经常食用芒果，可以不断补充体内维生素 C 的消耗，并因所含多酚可以有效抑制癌细胞生长。

维生素 C：维生素 C 为抗体及胶原形成、促进非血红素铁吸收等所必需，同时还能抗氧化、抗自由基、抑制酪氨酸酶的形成，从而达到美白、淡斑的功效。

营养分析含量表

（每 100 克含量）

热量	40 千卡
水分	89 克
蛋白质	0.2 克
脂肪	0.3 克
碳水化合物	10.2 克
维生素 A	0.355 克
膳食纤维	0.8 克

营养与功效

❶ 芒果果实含有芒果酮酸、异芒果醇酸等三醋酸和多酚类化合物，具有抗癌的药理作用。

❷ 芒果汁还能增加胃肠蠕动，使粪便在结肠内停留时间缩短，因此吃芒果对防治结肠癌很有裨益。

❸ 芒果中所含的芒果苷有祛痰止咳的功效，对咳嗽、痰多、气喘等症有辅助治疗作用。

❹ 芒果中维生素 C 的含量高于一般水果，常食可以持续为人体补充维生素 C，降低胆固醇、甘油三酯，有利于防治心血管疾病。

❺ 芒果中的糖类及维生素含量非常丰富，其中的维生素 A 具有明目的作用。

食用宜忌

芒果和酒、海鲜、大蒜等辛物以及菠萝都不能同食。

选购妙招

挑选完整、丰满、新鲜有弹性，无腐烂、压伤者为佳。

储存方法

芒果最好放在避光、阴凉的地方贮藏，如果一定要放入冰箱，应放在塑料袋内，置于温度较高的蔬果槽中，保存的时间最好不要超过 2 天。热带水果从冰箱取出后，在正常温度下会加速变质，所以要尽早食用。

柳橙芒果蓝莓奶昔

原料：

橙汁 100 毫升，芒果 40 克，蓝莓 70 克，酸奶 50 克，白糖适量

做法：

❶ 将芒果去皮，去核，切成小块。
❷ 将蓝莓洗净、沥干。
❸ 取榨汁机，倒入芒果块、蓝莓，倒入橙汁、酸奶。
❹ 加盖，启动榨汁机。
❺ 加入白糖，再启动榨汁机，将白糖搅拌均匀。
❻ 切断电源，将奶昔倒入杯中即可。

< 水果搭配营养升级推荐 >

❶ 芒果 + 上海青

上海青中所含的植物激素能吸附进入体内的致癌物质。

❷ 芒果 + 柠檬

柠檬有化痰止咳、生津、健脾的功效。

❸ 芒果 + 苹果

苹果性凉味甘，具有生津、润肺、健脾、益胃、养心等功效。

橙黄色水果

桃子

学名：Amygdalus persica L.

分类：蔷薇科桃属

原产地：原产中国，各省区广泛栽培

补血益气的“桃中珍品”

桃子的膳食纤维能活化肠胃，促进消化，使大便松软，改善便秘；含铁量极高，可消除疲劳、增强对抗疾病的能力，是缺铁性贫血的理想补充品；还是爱美女性的最佳滋养补品。

钾元素：钾可以调节细胞内适宜的渗透压和体液的酸碱平衡，参与细胞内糖和蛋白质的代谢，有助于维持神经健康、心跳规律正常，可以预防中风，并协助肌肉正常收缩。在摄入高钠而导致高血压时，钾具有降血压的作用。

营养分析含量表

（每 100 克含量）

热量	47 千卡
水分	87 克
蛋白质	1.2 克
脂肪	0.7 克
碳水化合物	10.3 克
钠	0.002 克
维生素 A	0.007 克
膳食纤维	2.4 克

营养与功效

❶ 桃子的含铁量较高，是缺铁性贫血病人的理想辅助食物。

❷ 桃子含钾多，含钠少，尤其适合水肿病人食用。

❸ 桃仁有活血化瘀、润肠通便的作用，可用于闭经、跌打损伤等的辅助治疗。

❹ 中医认为，桃子有补益气血、养阴生津的作用，可用于大病之后、气血亏虚、面黄肌瘦、心悸气短者的食疗和补养。

食用宜忌

未成熟的桃子不能吃，否则会腹胀或生疖痈；即使是成熟的桃子也不能吃得太多，太多会令人生热上火；烂桃切不可食用；桃子忌与甲鱼同食。

桃子性热，有内热生疮、毛囊炎、痈疖和面部痤疮者忌食；糖尿病患者忌食。

选购妙招

硬肉的桃子要挑蒂头绿、绒毛未脱尽、颜色红里透白或透黄、果粒饱满、外表没有损伤或腐败的褐斑、有重量感的为上品。

储存方法

桃子不宜保存，因为容易变质，必要时可采用以下适合家庭使用的方法：桃子若在常温下保存，要放置于阴凉的通风处，但最好尽快吃掉，避免坏掉；如果想要长时间冷藏的话，要先用纸将桃子一个个包好，再放在箱子中，避免桃子直接接触冷气。适宜的冷藏温度为 -0.5~0℃，相对湿度为 90%。

推荐食谱

桃子派

原料：

桃子 2 个，派皮 1 张，牛奶 100 毫升，淡奶油 60 克，奶油奶酪 100 克，鸡蛋 1 个，白砂糖 50 克，低筋面粉 25 克，柠檬汁 5 毫升，白糖 2 克

做法：

❶ 将派皮披在模具内，边缘捏成扇形，烤至四分熟。

❷ 将牛奶、淡奶油、奶油奶酪、鸡蛋、白砂糖、低筋面粉、柠檬汁，放入搅拌机搅拌。

❸ 拌匀后倒入派皮至九分满，桃子切片铺满表面。将烤箱调到 100℃，烤 35 分钟，取出，撒上白糖，用火枪喷出焦糖面即可。

< 水果搭配营养升级推荐 >

❶ 桃子 + 四季豆

四季豆富含蛋白质和多种氨基酸，常食可健脾胃。

❷ 桃子 + 香蕉

香蕉中含血管紧张素转化酶抑制物质，可抑制血压升高。

❸ 桃子 + 山药

山药有健脾胃的作用，适当吃些能提高胃动力，对消食有一定作用，搭配着吃对缓解便秘有好处。

橙黄色水果

菠萝蜜

学名：Artocarpus heterophyllus Lam.
分类：桑科菠萝蜜属
原产地：东南亚热带森林及河岸边，中国南部

世界上最重的水果

菠萝蜜是热带水果，也是世界上最重的水果，一般重达5~20千克，最重超过59千克。树液和叶可药用，消肿解毒；果肉具有止渴、通乳、补中益气的功效。现代医学研究证实，菠萝蜜中含有丰富的糖类、蛋白质、维生素 B_1、维生素 B_2、维生素 B_6、维生素C、矿物质、脂肪油等。

矿物质：矿物质是人体内无机物的总称，是地壳中自然存在的化合物或天然元素。矿物质和维生素一样，是人体必需的元素。矿物质是无法自身产生、合成的，每天的摄取量也是基本确定的，但随年龄、性别、身体状况、环境、工作状况等因素有所不同。

营养分析含量表

（每100克含量）

水分	73.2克
蛋白质	0.2克
脂肪	0.3克
膳食纤维	0.8克
碳水化合物	24.9克
钾	0.33克
钠	0.0114克
镁	0.024克
磷	0.018克

营养与功效

❶ 现代医学研究证实，菠萝蜜中的糖类、蛋白质、脂肪油、矿物质和维生素对维持机体的正常生理机能有一定作用。

❷ 菠萝蜜几乎含有所有人体所需的维生素和16种天然矿物质，食用后能有效地酸解脂肪。

❸ 食用菠萝蜜可改善局部血液、体液循环，使炎症和水肿吸收、消退，对脑血栓及其他血栓所引起的疾病有一定的辅助治疗作用。

食用宜忌

吃菠萝蜜之前，最好将果肉放到淡盐水中泡上几分钟，不仅能减少过敏的出现，还能让菠萝蜜的果肉更加新鲜。不要菠萝蜜和蜂蜜一起吃，严重者可能会导致死亡。

选购妙招

外壳完整新鲜、不破皮、单果大、肉厚香味浓为佳。习惯有擦皮听声：擦皮时果壳瘤状凸起物硬脆易断，无乳汁，声音混浊，为已熟果。

储存方法

菠萝蜜放在冰箱里，封上保鲜膜，可以保存5天。如果超出5天再吃的话就变味儿了，最好在5天内吃完，不然会发酵。

糯米酿菠萝蜜

原料：

菠萝蜜500克，糯米150克，红豆50克，白糖10克，橄榄油适量

做法：

❶ 红豆和糯米提前泡一天，用电饭煲煮熟，放白糖和橄榄油，搅拌均匀。

❷ 将菠萝蜜划开一个口，取出里面的核（核可留着用水煮熟吃）。

❸ 用勺子把红豆糯米饭填入菠萝蜜中即可。想增加口感的话可放入冰箱冷藏。

＜水果搭配营养升级推荐＞

❶ 菠萝蜜＋猪肉

二者搭配可改善妇女产后乳汁缺乏的症状。

❷ 菠萝蜜＋牛肉

菠萝蜜甘香，未熟的菠萝蜜通常用来炒牛肉。

❸ 菠萝蜜核仁＋米汤

菠萝蜜核仁炒干研末，每次15克，米汤调服，一日2~3次，饮前服，可治慢性肠炎。

橘子

橙黄色水果

学名：Citrus reticulata

分类：芸香科柑橘属

原产地：湖北、福建、江西、湖南、四川等

含有丰富维生素 C 的懒人水果

橘子常被称为“懒人水果”，其不必洗、不需削皮的特性，吃来确实方便，加上外皮金黄色泽，一直是华人眼中讨喜的水果。橘子是柑橘类的代表之一，维生素 C 的含量当然不在话下，只要吃三个橘子，就可以满足一天人体所需的维生素 C。

橘皮苷：即维生素 P 黄酮类化合物之一，主要存在于柑橘属果实中，尤其是柑、橘、甜橙和柠檬等的果皮中含量较多。分离提取的橙皮苷精制品为白色粉末，微小针状晶体。橘皮苷是维生素 P 的重要组成部分，具有软化血管的作用。

营养与功效

❶ 橘子富含维生素 C 与柠檬酸，维生素 C 可起到美容作用，柠檬酸则具有消除疲劳的作用。

❷ 橘子内侧薄皮含有膳食纤维及果胶，可以促进大小便排泄，降低血液中的胆固醇含量。

❸ 橘子含有橘皮苷，可以加强毛细血管的韧性，降血压，扩张心脏的冠状动脉，故橘子是预防冠心病和动脉硬化的食品。

❹ 在鲜柑橘汁中，有一种抗癌活性很强的物质——“诺米林”，它能使致癌化学物质分解，抑制和阻断癌细胞的生长，能使人体内除毒酶的活性成倍提高，阻止致癌物对细胞核的损害。

营养分析含量表

（每 100 克含量）

水分	89 克
蛋白质	0.5 克
脂肪	0.2 克
碳水化合物	10.2 克
磷	0.015 克
钾	0.055 克
钠	0.004 克
维生素 C	0.031 克

食用宜忌

多食易上火，从而引发口腔炎、牙周炎等症；肠胃功能欠佳者多吃易发生胃粪石的困扰；风寒咳嗽、痰饮咳嗽者不宜食用。

选购妙招

果形要饱满，愈重愈好，蒂梗粗大者较为甜美。

储存方法

橘子如果一时吃不完，在常温下，将橘子放在阴凉通风处可以保存 1 个星期。如果套上塑料袋，储存的时间则更长。

橘子红薯汁

原料：

橘子 2 个，去皮熟红薯 50 克

调料：

肉桂粉少许

做法：

❶ 红薯切块；橘子剥皮，去筋，剥成小瓣，待用。

❷ 将红薯块倒入榨汁机中，放入橘子瓣。

❸ 榨汁机注入 80 毫升凉开水，榨汁。

❹ 将蔬果汁倒入杯中，放上肉桂粉即可。

< 水果搭配营养升级推荐 >

❶ 橘子 + 葱

葱有降血脂、降血压、降血糖的作用。

❷ 橘子 + 西蓝花

西蓝花中丰富的胡萝卜素可以促进身体胃肠的健康和消化。

❸ 橘子 + 芦笋

芦笋有清热解毒、生津利水的功效。

橙黄色水果

柑子

学名：Citrus reticulata Blanco

分类：芸香科柑橘属

原产地：云南、广西、广东

可分解脂肪的水果

柑子含有丰富的糖类、类黄酮素和维生素 C，能消除沉重工作的疲倦感，又具有美肌的成效；能预防癌症、提高免疫力并调整血压，以及防癌和祛痰；常吃还可分解脂肪。

维生素 P：是由柑橘属生物类黄酮、芸香素和橙皮素构成的，有助于牙龈出血的预防和治疗，有助于因内耳疾病引起的浮肿或头晕的治疗等。

营养与功效

❶ 柑子所含的维生素 P 能强化末梢血管组织，所含的陈皮苷等也有降低毛细血管脆性的作用，高血压与肥胖症患者食之非常有益。

❷ 柑子富含维生素 C，具有美容作用。

❸ 柑子含有丰富的果胶，可以减少血液中的胆固醇。

❹ 常食柑子还可分解脂肪，有助于排泄体内积累的有害重金属和放射性元素。

营养分析含量表

（每 100 克含量）

蛋白质	0.3 克
脂肪	0.1 克
碳水化合物	9 克
膳食纤维	3.4 克
维生素 C	0.062 克
钾	0.015 克
钙	0.006 克
镁	0.008 克

食用宜忌

一般人群均可食用，但风寒咳嗽、痰饮咳嗽者不宜食用。

选购妙招

买柑子时，根据外观和颜色可以判断其品质优劣，挑选果形端正的，无歪肩、歪蒂、歪脐的柑子。如果绿色超过果面 50% 时，就不要购买。

储存方法

取一头大蒜剥皮拍碎，放入小半盆热水中，让大蒜里的汁液完全溶于水中，冷却后，将柑子浸泡 30 秒，置于阴凉处存放；或取半盆凉水，小苏打 2 勺，搅匀，放入柑子，浸泡 10 分钟后放在通风处，让柑子的水自然蒸发，然后用保鲜膜包紧；又或者用纸箱装起来，放在干燥通风处可储存 1 个星期。注意及时将坏的柑子挑出来，以免影响其余的柑子变质。

银耳蜜柑汤

原料：

水发银耳 95 克，柑子肉 100 克，白糖 6 克，水淀粉适量

做法：

❶ 将泡发的银耳切成小块，备用。
❷ 砂锅中清水烧热，放入备好的银耳、柑子肉。
❸ 盖上盖，烧开后用小火煮 30 分钟至食材熟透。
❹ 揭盖，放入适量白糖。
❺ 倒入水淀粉勾芡。
❻ 关火后盛出煮好的汤水即可。

< 水果搭配营养升级推荐 >

❶ 柑子 + 银耳

银耳是一种良好的补品。

❷ 柑子 + 冰糖

冰糖有生津润肺、清热解毒、利咽降浊之功效。

❸ 柑子 + 冬瓜皮

冬瓜皮适宜肾病、水肿、肝硬化腹水、脚气病、高血压、动脉硬化、冠心病、肥胖以及缺乏维生素 C 者多食。

橙黄色水果

柠檬

学名：Citrus limon (L.) Burm. f.
分类：芸香科柑橘属
原产地：原产东南亚

含丰富维生素C的“柠檬酸的仓库”

柠檬中含有丰富的柠檬酸，因此被誉为“柠檬酸仓库”。它的果实汁多肉脆，有浓郁的芳香气。因为味道特酸，故只能作为上等调味料，用来调制饮料菜肴、化妆品和药品。此外，柠檬富含维生素C，能化痰止咳、生津健胃。它可用于支气管炎、百日咳、食欲不振、维生素缺乏、中暑烦渴等症状，是“坏血病”的克星。

维生素 C：是高等灵长类动物与其他少数生物的必需营养素，缺乏维生素 C 会造成坏血病。在生物体内，维生素 C 是一种抗氧化剂，保护身体免于自由基的威胁，同时也是一种辅酶。其广泛的食物来源为各类新鲜蔬果。

营养与功效

❶ 柠檬属碱性食物，有利于调节人体酸碱度。

❷ 柠檬酸汁有很强的杀菌作用，对健康有益。

❸ 柠檬富有香气，能祛除肉类、水产的腥膻之气，并能使肉质更加细嫩。

❹ 柠檬汁中含有大量的柠檬酸盐，能够抑制钙盐结晶，使部分慢性肾结石患者的结石减少、变小。

❺ 柠檬能抑制钙离子促使血液凝固的作用，可预防和治疗高血压、心肌梗死。

❻ 柠檬中的柠檬酸有收缩、增固毛细血管的功效，可缩短凝血时间和出血时间，具有止血作用。

❼ 鲜柠檬中维生素含量极高，是美容的天然佳品，能防止和消除皮肤色素沉着，具有美白作用。

❽ 柠檬生食，还具有良好的安胎止呕作用，因此柠檬是适合女性的水果。

营养分析含量表

（每 100 克含量）

热量	32 千卡
水分	91 克
蛋白质	0.8 克
脂肪	0.3 克
碳水化合物	7.5 克
磷	0.024 克
钾	0.12 克
钠	0.006 克
维生素 C	0.027 克

食用宜忌

一般人群均可食用。暑热口干烦躁、消化不良者，维生素 C 缺乏者，胎动不安的孕妇，肾结石患者，高血压、心肌梗死患者适宜食用。胃溃疡、胃酸分泌过多者，患有龋齿者和糖尿病患者慎食。

选购妙招

呈黄绿色，没有病斑，有弹性，香味浓，愈重愈好。

储存方法

用戳有2~3个洞的塑胶袋包好，放进冰箱冷藏。若是已切过的，则要用保鲜膜密封，才放进冰箱。

推荐食谱

柠檬红茶

原料：

柠檬片 15 克，红茶叶 4 克，蜂蜜少许

做法：

❶ 取一个茶杯，放入红茶叶。
❷ 注入少许开水，冲洗一下，滤出水分。
❸ 杯中加入备好的柠檬片，再注入适量开水至八九分满。
❹ 盖上盖，泡约 5 分钟。
❺ 揭盖，加入少许蜂蜜调匀。
❻ 趁热饮用即可。

< 水果搭配营养升级推荐 >

❶ 柠檬 + 柚子

柚子含有丰富的天然枸橼酸和各种无机盐类，有清热去火、止咳化痰的功效。

❷ 柠檬 + 洋葱

洋葱有润肠通便、降脂降压等作用。

❸ 柠檬 + 毛豆

毛豆可降低人体中甘油三酯和胆固醇含量。

橙黄色水果

蛋黄果

学名：Lucuma nervosa A.DC
分类：山榄科蛋黄果属
原产地：分布于热带、亚热带地区

味道介乎于番薯和榴莲之间的水果

蛋黄果是热带水果，果肉含糖 29.1% ~ 30.5%，淀粉 5.6% ~ 8.1%，粗脂肪 1% ~ 1.14%，每 100 克果肉含维生素 C24.3 毫克。果实除生食外，还可制果酱、冰奶油、饮料或果酒。蛋黄果又名仙桃，果实球形，果肉橙黄色，富含淀粉，质地似蛋黄且有香气，含水量少，味略甜，其味道介乎于番薯和榴莲之间。

维生素 C: 在人体内，维生素 C 是高效抗氧化剂，用来减轻抗坏血酸过氧化物酶基底的氧化应力。还有许多重要的生物合成过程中也需要维生素 C 参与作用。

营养分析含量表

（每 100 克含量）

蛋白质	1.8 克
脂肪	0.4 克
碳水化合物	0.036 克
钙	0.022 克
磷	0.04 克
维生素 C	0.049 克
维生素 B	0.034 克

营养与功效

❶ 常食蛋黄果能起到促进消化、生津润肺、开胃健食的作用。

❷ 蛋黄果含有丰富的磷、铁、钙、维生素 C、类胡萝卜素等营养物质及人体必需的 17 种氨基酸，具有帮助消化、化痰、补肾、提神醒脑、活血强身、镇静止痛、减压降脂等功效。

❸ 蛋黄果富含维生素 C、各种矿物质和氨基酸，常食能很好地起到补充营养、美容养颜的功效。

食用宜忌

湿热体质、瘀血体质的人不宜食用。

选购妙招

好的蛋黄果果实球形，未熟时果绿色，成熟果黄绿色至橙黄色，光滑，皮薄，果肉橙黄色。蛋黄果富含淀粉，质地似蛋黄且有香气。

储存方法

蛋黄果置于阴凉干燥处保存就可以了。

蛋黄果沙拉酱

原料：

蛋黄 2 个，细砂糖 50 克，食用油 550 毫升，白醋 50 毫升，蛋黄果泥 100 克

做法：

❶ 取一个圆底容器，倒入蛋黄、细砂糖。

❷ 将蛋黄与细砂糖打发至颜色泛白、体积膨大，即可加入约 1/10 的食用油拌打，反复 10 次。

❸ 食用油与蛋黄完全融合后，即可加入少许白醋。

❹ 如此交互将食用油与白醋加入，拌打至材料用尽、沙拉酱浓稠，倒入蛋黄果泥，充分拌匀即可。

< 水果搭配营养升级推荐 >

❶ 蛋黄果 + 牛奶

牛奶适用于气血不足、营养不良、噎膈反胃、消渴、便秘。

❷ 蛋黄果 + 牛油果

牛油果的纤维含量很高，有助保持消化系统功能正常。

❸ 蛋黄果 + 西蓝花

西蓝花可以有效降低乳腺癌、直肠癌、胃癌、心脏病和中风的发病率，还有杀菌和防止感染的功效。

橙黄色水果

柚子

学名：Citrus maxima (Burm) Merr.
分类：芸香科柑橘属
原产地：中国长江以南各地

糖尿病、肥胖症患者的理想水果

柚子含有类胰岛素，可以防止血栓、抗发炎，并预防中风，也是糖尿病、肥胖症患者的理想水果。成分中含有天然果胶和柠檬酸纤维，能有效润肤养颜。柚子清香、酸甜、凉润，营养丰富，药用价值很高，是人们喜食的水果之一，也是医学界公认的最具食疗效益的水果。

铬元素：是人体内必需的微量元素之一，它在维持人体健康方面起关键作用。铬是对人体十分有利的微量元素，不应该被忽视，是正常生长发育和调节血糖的重要元素。铬在人体内的含量约为 7 毫克，主要分布于骨骼、皮肤、肾上腺、大脑和肌肉之中。

营养分析含量表

（每 100 克含量）

热量	32 千卡
水分	91 克
蛋白质	0.7 克
脂肪	0.2 克
碳水化合物	7.7 克
钠	0.002 克
维生素 C	0.032 克
膳食纤维	1 克

营养与功效

❶ 柚子中含有高血压患者必需的天然微量元素——钾，几乎不含钠，因此是心脑血管病及肾脏病患者最佳的食疗水果。但如果肾功能不全伴有高钾血症，则不能食用。

❷ 柚子中含有大量的维生素 C，能降低血液中的胆固醇。

❸ 柚子所含的天然叶酸对于怀孕中的妇女来说，有预防贫血症状发生和促进胎儿发育的功效。

❹ 新鲜的柚子肉中含有作用类似于胰岛素的成分——铬，能降低血糖。

❺ 柚子皮中含有生理活性物质柚皮苷，可降低血液的黏滞度，减少血栓形成，对脑血管疾病如脑血栓、中风等有较好的预防作用。

食用宜忌

一般人群均可食用。胃病、消化不良者，慢性支气管炎、咳嗽、痰多气喘者，心脑肾病患者尤其适合食用。

选购妙招

可先把柚子拿在手上，像在称重一样称称看，不管大小颗如何，称起来有重重的感觉，就是好吃多汁的柚子了。

储存方法

放于家中通风处可存放 2 个月左右，放愈久愈好吃，且满室芳香。果皮微黄、微皱时食用风味更佳。

柚皮茶

原料：

柚子皮 60 克

做法：

❶ 把洗净的柚子皮切块，去除白瓤，改切成丝，备用。

❷ 砂锅中注入适量清水烧开。

❸ 放入切好的柚子皮，搅匀。

❹ 盖上盖，用小火煮 15 分钟，至茶水呈微黄色。

❺ 揭开盖，略微搅动片刻。

❻ 把煮好的柚皮茶盛出，装入碗中即可。

< 水果搭配营养升级推荐 >

❶ 柚子 + 番荔枝

番荔枝是很好的抗氧化水果，能有效延缓肌肤衰老，美白肌肤。

❷ 柚子 + 牛蒡

牛蒡根中的膳食纤维有吸附钠的作用，可帮助降血压。

❸ 柚子 + 火龙果

具有减肥、降低胆固醇、润肠、预防大肠癌等功效。

橙黄色水果

金橘

学名：Fortunella margarita (Lour.) Swingle
分类：芸香科金橘属
原产地：中国南方各地栽种

维生素 C 集中在果皮上

金橘是著名的观果植物，源自广西。金橘的特点是果皮和果肉一起食用，嚼食后，顿觉喉间津润、满口生香。金橘 80% 的维生素 C 集中在果皮上，每百克高达 200 毫克。

钾元素：是人体内不可缺少的元素，一般成年人体内的钾元素为 150 克左右，其作用主要是维持神经、肌肉的正常功能。因此，人体一旦缺钾，正常的运动就会受到影响。

营养与功效

❶ 金橘果皮中的维生素 C 含量高达每百克 70 毫克，全果含量每百克 43 毫克，几乎可和猕猴桃媲美。金橘 80% 的维生素 C 集中在果皮上，每百克高达 200 毫克。

❷ 金橘果实含有丰富的维生素 A，可预防文明病，如血管病变及癌症，更能理气止咳、健胃、化痰、预防哮喘及支气管炎。

❸ 金橘亦含维生素 P，是维护血管健康的重要营养素，能强化微血管弹性，可作为高血压、血管硬化、心脏疾病之辅助调养食物。

❹ 每 100 克金橘含有约 62 毫克的钙、144 毫克的钾。

营养分析含量表

（每 100 克含量）

热量	50 千卡
蛋白质	0.9 克
脂肪	0.2 克
碳水化合物	12.7 克
钾	0.144 克
钙	0.062 克
维生素 A	0.1 克
膳食纤维	3.7 克

食用宜忌

吃金橘前后一小时不可喝牛奶，因牛奶中的蛋白质遇到金橘中的果酸会凝固，不易消化吸收，会腹胀；饭前或空腹时亦不宜多吃金橘，因所含的有机酸会刺激胃壁黏膜，胃部会有不适感；喉痛发痒、咳嗽时，喝金橘茶时不宜加糖，糖放多了反易生痰。

选购妙招

选购新鲜金橘时，应该挑选果形完整、丰满、大小均匀、果皮金黄无瑕，且具重量者为佳。

储存方法

一般常温下，放置于通风处可保存2周。

糖渍金橘

原料：

金橘500克，白糖200克，冰糖、盐各适量

做法：

❶ 将金橘清洗晾干后切半，去籽。

❷ 将处理好的金橘装入干净的瓶中，撒上白糖，保证金橘表面都沾上白糖，密封后腌渍一晚上。

❸ 将金橘连同汤汁倒入锅中，加适量冰糖全角熬出汁水。

❹ 小火熬至冰糖完全溶化，附着在金橘上。

❺ 关火，晾凉后装入瓶中，密封保存即可。

<水果搭配营养升级推荐>

❶ 金橘 + 杏仁

杏仁可降气、止咳平喘、润肠通便。

❷ 金橘 + 洋葱

洋葱是目前所知唯一含前列腺素A的蔬菜，前列腺素A可降血压、增加冠状动脉的血流量，预防血栓形成。

❸ 金橘 + 魔芋

魔芋具有降血糖、降血脂、降压、养颜、减肥等作用。

橙黄色水果

橙子

学名：Citrus sinensis

分类：芸香科柑橘属

原产地：起源于东南亚

营养分析含量表

（每 100 克含量）

热量	52 千卡
蛋白质	0.6 克
脂肪	0.1 克
膳食纤维	0.6 克
钙	0.058 克
磷	0.015 克
抗坏血酸	0.05 克
钾	0.18 克
镁	0.01 克

缓解心理压力的良药

橙子发出的气味有利于缓解人们的心理压力，尤其是有助于女性克服紧张情绪。橙子含有大量的维生素 C 和胡萝卜素，可以抑制致癌物质的形成。橙子是柚子与橘子的杂交品种，颜色鲜艳，酸甜可口，外观整齐漂亮，是深受人们喜爱的水果，也是走亲访友、探望病人的礼品水果之一。

高密度脂蛋白：高密度脂蛋白为血清蛋白之一，缩写为 HDL，是一种抗动脉粥样硬化的血浆脂蛋白，是冠心病的保护因子，俗称“血管清道夫”。

营养与功效

❶ 橙子中含有维生素 C 和胡萝卜素，可以抑制致癌物质的形成，还能软化和保护血管，促进血液循环，降低胆固醇和血脂。正常人饭后食橙子或饮橙汁，有解油腻、消积食、止渴、醒酒的作用。

❷ 研究显示，每天喝 3 杯橙汁可以增加体内高密度脂蛋白（HDL）的含量，从而降低患心脏病的可能。橙汁内含有一种特定的化学成分，即类黄酮和柠檬素，可以促使 HDL 增加，并将低密度脂蛋白（LDL）运送到体外。

❸ 经常食用橙子对预防胆囊疾病有效。

❹ 橙子含有丰富的营养成分，如维生素 C、β－胡萝卜素、柠檬酸、维生素 A、维生素 B 族、烯类、醇类、醛类等。此外，橙子还含有镁、锌、钙、铁、磷、钾等矿物质和无机盐、纤维素和果胶。

食用宜忌

糖尿病患者忌食。

选购妙招

选购质佳的橙子，并不一定要又圆又大，以中等大小、香浓而皮薄的为佳，感觉沉重，颜色佳、富光泽。橙子的脐窝部分不要太大，富有水果芳香者为佳。

储存方法

如果数量少的话，可以放在冰箱的保鲜室里，不过放之前一定要用保鲜袋装好密封起来，不然水分很容易流失。

如果数量多的话，就用保鲜袋装好密封起来，放在纸箱里，常温保存，阴凉处存放即可。

橙汁雪梨

原料：

雪梨 230 克，橙子 180 克，橙汁 150 毫升，白糖适量

做法：

❶ 洗净的雪梨去皮切片；橙子切瓣，做成兔耳状。

❷ 锅中清水烧开，倒入雪梨，搅拌片刻，捞出待用。

❸ 将雪梨装入碗中，倒入橙汁，加入适量白糖，搅拌至溶化，浸泡 40 分钟。

❹ 将橙子瓣摆在盘侧一边，雪梨片摆入盘中。

❺ 浇上碗中的橙汁即可食用。

< 水果搭配营养升级推荐 >

❶ 橙子 + 苏打水

苏打水既有汽水的清爽口感，还能中和胃酸。

❷ 橙子 + 火龙果

火龙果可排毒解毒、保护胃壁、抗衰老、预防脑细胞变性、抑制痴呆症发生、美白养颜。

❸ 橙子 + 苹果

苹果有“活水”之称，可使皮肤润滑柔嫩。

橙黄色水果

杨桃

学名：Averrhoa carambola L.
分类：酢浆草科阳桃属
原产地：原产马来西亚、印度尼西亚

能减少机体对脂肪吸收的果子

杨桃内含的水分和糖类与有机酸产生作用，可提高骨液酸度，促进消化，帮助代谢顺畅，可预防骨质疏松症、高血压、动脉硬化，强化肝功能，排除体内肝脏毒素。营养成分中的膳食纤维能促进肠道蠕动、利于排便。

膳食纤维： 可以起到降低餐后血糖的作用，促进胃肠道蠕动，加快食物通过胃肠道，减少吸收。除此之外，还可以起到防治便秘的作用。

营养与功效

❶ 杨桃能减少机体对脂肪的吸收，有降低血脂、胆固醇的作用，对高血压、动脉硬化等心血管疾病有预防作用，同时还可保护肝脏、降低血糖。

❷ 杨桃中糖类、维生素 C 及有机酸的含量丰富，且果汁充沛，能迅速补充人体的水分，生津止渴，并使体内的热或酒毒随小便排出体外，消除疲劳感。

❸ 杨桃果汁中含有大量草酸、柠檬酸、苹果酸等，能提高胃液的酸度，促进食物的消化。

❹ 杨桃含有大量的挥发性成分、胡萝卜素类化合物、糖类、有机酸及维生素 B、C 等，可消除咽喉炎症及口腔溃疡，防治风火牙痛。

营养分析含量表

（每 100 克含量）

热量	35 千卡
水分	90 克
蛋白质	0.8 克
脂肪	0.2 克
碳水化合物	8.6 克
钠	0.011 克
维生素 A	0.001 克
膳食纤维	1.1 克

食用宜忌

杨桃鲜果性稍寒，多食易致脾胃湿寒、便溏泄泻，有碍食欲及消化吸收。

选购妙招

以颜色鲜艳光滑、肉棱直而厚者较佳。如果出现卷曲，通常肉较薄、水分少，也比较不甜。

储存方法

杨桃含水量多，储存时，可用卫生纸、白纸包装，再套上一个有孔的薄膜袋后放入冰箱里，层数不要太多，储存在 3~5℃的条件下，熟透果实为 2 天，青果实可存 3~4 周。但是，存放时间不宜太长。

洛神杨桃汁

原料：

杨桃 170 克，冰糖 20 克，洛神花少许

做法：

❶ 洗净的杨桃切开，去籽，切大块。

❷ 砂锅中注水烧热，倒入洗好的洛神花，烧开后转小火煮约 15 分钟，盛出洛神花汁水，待用。

❸ 取榨汁机，选择“搅拌刀座”组合，倒入杨桃、冰糖。

❹ 注入煮好的洛神花汁水。

❺ 选择“榨汁”功能，榨取汁水，装入碗中即可。

< 水果搭配营养升级推荐 >

❶ 杨桃 + 枇杷

中医认为枇杷果实有润肺、止咳、止渴的功效。

❷ 杨桃 + 柿子

具有润肺化痰、清热生津、涩肠止痢、健脾益胃等功效。

❸ 杨桃 + 西瓜

酒后来杯西瓜汁可解醉酒。西瓜汁具有明显的利尿作用，可以促进酒精更快地排泄体外。

橙黄色水果

杏子

学名：Armeniaca vulgaris Lam.
分类：蔷薇科杏属
原产地：中国各地多有栽培

营养分析含量表

（每 100 克含量）

热量	38 千卡
蛋白质	0.9 克
脂肪	0.1 克
不溶性纤维	1.3 克
胡萝卜素	0.45 克
钙	0.014 克
钾	0.226 克
镁	0.011 克
磷	0.015 克

素食者食用可补充身体所需营养

杏子是一种健康食品，适量食用不仅可以有效控制人体内胆固醇的含量，还能显著降低心脏病和多种慢性病的发病危险。素食者食用杏子可以及时补充蛋白质、微量元素和维生素，如铁、锌及维生素 E。杏子富含蛋白质、脂肪、糖类、胡萝卜素、B 族维生素、维生素 C、维生素 P 以及钙、磷、铁等营养成分。

微量元素：微量元素通常指低于人体体重 0.01% 的矿物质。微量元素虽然在人体内的含量不多，但是却与人的生存和健康息息相关，对人的生命起至关重要的作用。它们的摄入过量、不足、不平衡或缺乏都会不同程度地引起人体生理的异常或发生疾病。

营养与功效

❶ 杏子是常见水果之一，营养极为丰富，内含较多的糖、蛋白质及钙、磷等矿物质，另含维生素 A、维生素 C 和维生素 B 族等，其中胡萝卜素的含量在果品中仅次于芒果。

❷ 杏子性温热，适合代谢速度慢、贫血、四肢冰凉的虚寒体质之人食用；患有受风、肺结核、痰咳、浮肿等病症者，经常食用杏子大有裨益。

❸ 人食杏果、杏仁后，经过消化分解，所产生的氢氰酸和苯甲醛两种物质，都能起到防癌、抗癌、治癌的作用，常吃还可延年益寿。

❹ 杏子可以止咳平喘、润肠通便，常吃有美容护肤的作用。

食用宜忌

过量食用会伤及筋骨、勾发老病，甚至会落眉脱发、影响视力。产妇、孕妇及孩童如果过量食用杏子还极易长疮生疖。

选购妙招

以果个大、色泽美、味甜汁多、纤维少、核小、有香味者为佳。未熟的果实酸味浓，甜味不足；过熟的果实肉质酥软，缺乏水分。

储存方法

买来的杏子如果吃不完，可以放到干燥通风处，避免堆放，千万不要放到塑料袋里，或将杏子放到保鲜袋里，然后储存到冰箱冷藏室。

杏肉燕麦饮

原料：

杏子 100 克，燕麦 30 克，牛奶 200 毫升

做法：

❶ 锅中注水烧沸，倒入燕麦煮至熟软。
❷ 倒入牛奶，搅匀，略煮至食材入味。
❸ 关火盛出，晾凉。
❹ 将杏子对半切开，去除果仁，改刀切成块。
❺ 将切好的杏肉倒入牛奶燕麦中，搅匀，即可食用。

< 水果搭配营养升级推荐 >

❶ 杏子 + 姜
姜可发汗解表、温中止呕、温肺止咳、解鱼蟹毒、解药毒。

❷ 杏子 + 豆类
豆类中含有丰富的维生素 E、花青素、异黄酮等成分。

❸ 杏子 + 鸡蛋
蛋黄含有高生物价的蛋白质，且含有丰富的维生素，其中以维生素 A、维生素 D、维生素 B 最多。

橙黄色水果

枇杷

学名：Eriobotrya japonica (Thunb.) Lindl

分类：蔷薇科枇杷属

原产地：中国、日本、印度、越南、缅甸、泰国、印度尼西亚

果木中独备四时之气者

枇杷与大部分果树不同，在秋天或初冬开花，果子在春天至初夏成熟，比其他水果都早，因此被称为“果木中独备四时之气者”。成熟的枇杷味道甜美，营养颇丰，当中胡萝卜素的含量在水果中排第三位。

维生素 A：维生素 A 可促进蛋白质的生物合成和骨细胞的分化。孕妇如果缺乏维生素 A，会直接影响胎儿发育，甚至发生死胎。

营养分析含量表

（每 100 克含量）

热量	32 千卡
蛋白质	0.3 克
脂肪	0.2 克
碳水化合物	56.6 克
钠	0.015 克
维生素 A	0.132 克
膳食纤维	1.2 克

营养与功效

❶ 中医认为枇杷果实有润肺、止咳、止渴的功效。吃枇杷时要剥皮。

❷ 枇杷不论是叶、果和核都含有扁桃苷。

❸ 枇杷果肉含有丰富的胡萝卜素，有助于维持视力，促进肌肤健康。其丰富的维生素 A 有强化内脏、支气管与消化道的功能，可避免感冒时肠胃的不适应症状。

❹ 枇杷叶性平味苦，有清肺下气、生津止咳的作用。且枇杷含有丰富的糖类、有机酸、维生素 A 和维生素 P，可以预防高血压、脑梗塞、气管炎等常见疾病的发生。

❺ 枇杷富含维生素 B、维生素 C 和果胶，是新鲜水果中含量最多的果品之一。

食用宜忌

孕妇不可多食；糖尿病患者、脾虚便溏者慎用；未成熟的枇杷不可食用。

选购妙招

选择外形完整（无伤痕、虫伤）、果粒大、果梗附近果肉多者为佳。外皮黄橙色且分布均匀，并有完整的茸毛和果粉。

储存方法

枇杷放置于阴凉处即可，不必存放冰箱，可放 4~5 天。

枇杷糖水

原料：

枇杷 160 克，冰糖 30 克

做法：

❶ 洗净的枇杷去除头尾，切开，去核，切成小瓣，去除果皮，备用。

❷ 砂锅中注入适量清水烧开，倒入切好的枇杷。

❸ 盖上盖，烧开后用小火煮约 10 分钟。

❹ 揭开盖，倒入冰糖。

❺ 拌匀，略煮一会儿，至其溶化，盛出即可。

< 水果搭配营养升级推荐 >

❶ 枇杷 + 银耳

银耳对阴虚火旺的人是一种良好的补品。

❷ 枇杷 + 橄榄

橄榄中的天然抗氧化剂和 ω-3 脂肪酸有助于人体对矿物质的吸收，如钙、磷、锌等，可促进骨骼生长。

❸ 枇杷 + 胡萝卜

多吃胡萝卜能预防夜盲症，减少眼睛疲劳与眼睛干燥。

橙黄色水果

柿子

学名：Diospyros Kaki L.f
分类：柿树科柿树属
原产地：中国

营养分析含量表

（每 100 克含量）

热量	48 千卡
蛋白质	0.7 克
脂肪	0.3 克
碳水化合物	11 克
钠	0.004 克
维生素 A	0.355 克
膳食纤维	0.8 克

一定不能空腹吃的水果

柿子虽然好吃，但一定不能在肚子饿的时候食用，因为柿子含有较多的果胶、单宁酸，空腹食用后会与胃酸发生化学反应，生成难以溶解的凝胶块，易形成胃结石。

碘元素：碘位于元素周期表第五周期Ⅶ A 族，属于卤元素，化学性质较活泼，非金属性强，是一种人类必需的微量元素。

营养与功效

❶ 柿子营养与功效很高，所含维生素和糖分比一般水果高 1~2 倍。一天吃 1 个柿子，所摄取的维生素 C 基本上能满足一天需要量的一半。

❷ 柿子富含碘，能够防治地方性甲状腺肿大。

❸ 柿子富含果胶，有良好的润肠通便的作用。

❹ 柿子有消炎和消肿的作用，可以预防心脏血管硬化。

❺ 柿子含有丰富的胡萝卜素、核黄素、维生素等微量元素。

食用宜忌

慢性胃炎、消化不良等胃功能低下者以及外感风寒咳嗽者不宜食柿子；体弱多病者、产妇、月经期间女性，均忌食柿子；熟柿子含较多糖类，包括蔗糖、葡萄糖、果糖等，糖尿病患者忌食。此外，不宜空腹多食柿子，吃柿子时要去皮，吃完柿子后不宜再吃酸性食物。胆结石患者忌食或少食。在食物相克方面，柿子忌与螃蟹一同食用。

选购妙招

一般而言，软柿表皮橙红色，软而甜，选购时要注意整体同等柔软，有硬有软者则不佳。

硬柿表皮青色，偏硬而不脆，甜度稍差一些，选购时用手摸试，手感硬实者为佳。

储存方法

柿子营养丰富，为了最大限度地保存营养，可保留较短的果柄和完好的萼片，且不受损伤。然后轻轻装入篓、筐等容器内，放在阴凉通风处；或放在冰箱里冷藏，先不清洗，只要以塑料袋或纸袋装好，塑料袋扎几个小孔，保持透气，以免水汽积聚，造成柿子腐坏；或将柿子装塑料袋里，放在冷冻室里，冷冻保存柿子，可以保存很长时间。

肉桂茶

原料：

姜片 100 克，整枝桂皮 1 枝，柿饼 1 个，核桃 25 克，松仁 5 克，黄糖 60 克，白糖 100 克

做法：

❶ 热锅烧热，放姜片，煮沸转中火煮 1 小时，过滤待用。桂皮同样做法。

❷ 柿饼去蒂，将核桃塞进柿饼里面切块。

❸ 锅中倒入姜汁水、桂皮水、黄糖、白糖，大火煮沸。

❹ 将煮好的茶水盛至备好的杯子中，放入切好的柿饼、松仁即可。

< 水果搭配营养升级推荐 >

❶ 柿子 + 冬瓜

冬瓜有消热、利水、消肿的功效。

❷ 柿子 + 白菜

中医认为白菜具有养胃生津、利尿通便、清热解毒等功能，是促进新陈代谢的佳蔬，适合大众食用。

❸ 柿子 + 黑木耳

黑木耳具有清涤胃肠和消化纤维素的作用。

橙黄色水果

菠萝

学名：Ananas comosus

分类：凤梨科凤梨属

原产地：原产于南美洲巴西、巴拉圭的亚马逊河流域一带

饭后吃些菠萝能助消化

菠萝含有膳食纤维、有机酸、酵素、柠檬酸以及果胶等各种营养素。菠萝中含有的酵素蛋白酶可以分解蛋白质与肉质纤维，故可降低血脂，促进人体对蛋白质的吸收和消化。菠萝中富含的果胶能调整肠胃，也可改善腹泻、消化不良的现象。

菠萝朊酶：能分解蛋白质，帮助消化，溶解阻塞于组织中的纤维蛋白和血凝块，改善局部的血液循环，稀释血脂，消除炎症和水肿，能够促进血液循环。

营养与功效

❶ 新鲜的菠萝含水量较高，约为 85%。其营养成分中以维生素 C 含量最高。

❷ 菠萝中所含的糖、盐类和酶有利尿作用，适当食用对肾炎、高血压患者有益。

❸ 中医认为，菠萝性平味甘，具有健胃消食、补脾止泻、清胃解渴等功用。

食用宜忌

菠萝宜在稀盐水或糖水中浸渍后再吃。

菠萝和鸡蛋不同食，易使蛋白质凝固，影响消化。

菠萝加蜂蜜同食，可治支气管炎，但是对于身体不适或腹泻症状的人建议不要这样食用。

营养分析含量表

（每 100 克含量）

热量	46 千卡
蛋白质	0.9 克
脂肪	0.2 克
碳水化合物	11.6 克
磷	0.008 克
钾	0.04 克
维生素 C	0.009 克
膳食纤维	1.4 克

选购妙招

买菠萝时，根据外观、颜色、气味等可以判断其品质优劣：

❶ 观外形：优质菠萝的果实呈圆柱形或两头稍尖的卵圆形，大小均匀适中，果形端正，芽眼数量少。

❷ 看颜色：熟菠萝的叶子一般是青褐色。

❸ 闻气味：熟得正好的菠萝从外皮上就能闻到淡淡清香，切开后更是香气馥郁。

❹ 摸软硬：轻按菠萝鳞甲，微软有弹性的就是成熟度较好的。

储存方法

放在一个比菠萝大的器皿里，加水，水里加 2 小勺盐，水应没过菠萝，可以保存 24 小时。

菠萝牛奶布丁

原料：

牛奶 500 毫升，细砂糖 40 克，香草粉 10 克，蛋黄 2 个，鸡蛋 3 个，菠萝粒 15 克

做法：

❶ 锅中倒入牛奶，用小火煮热，加入细砂糖、香草粉，改大火，搅拌匀，关火后放凉。

❷ 将鸡蛋、蛋黄倒入容器中，用搅拌器拌匀。

❸ 牛奶慢慢地倒入蛋液中，边倒边搅拌，过筛 2 次。

❹ 倒入牛奶杯，至八分满，放入烤盘中，倒适量清水。

❺ 将烤盘放入烤箱中，上下火 160℃烤 15 分钟至熟。

❻ 取出牛奶布丁，放凉，放入菠萝粒装饰即可。

< 水果搭配营养升级推荐 >

❶ 菠萝 + 秋葵

秋葵含有丰富的维生素 C 和可溶性纤维，不仅对皮肤具有保健作用，且能使皮肤美白、细嫩。

❷ 菠萝 + 芝麻

芝麻有补肝肾、益精血、润肠燥、通乳的功效。

❸ 菠萝 + 山药

山药能使加速有机体衰老的酶活性显著降低。

橙黄色水果

凤梨

学名：Ananas comosus (Linn.) Merr.
分类：凤梨科凤梨属
原产地：美洲热带地区

营养分析含量表

（每 100 克含量）

蛋白质	0.4 克
脂肪	0.3 克
糖类	9.3 克
钙	0.018 克
磷	0.028 克
维生素 B	0.01 克
维生素 C	0.024 克

可预防脂肪沉积

凤梨属于酸性水果，可以整肠和助消化，加上富含酵素，能有益毒素分解，促进排水，因此想要瘦的人可以在餐后适量食用凤梨。

酵素： 酶的别称，是一类生物催化剂，生物体内含有数千种酶，它们支配着生物的新陈代谢、营养和能量转换等许多催化过程，与生命过程关系密切的反应大多是酶催化反应。

营养与功效

❶ 凤梨成分包括糖类、蛋白质、脂肪，维生素 A、B_1、B_2、C，蛋白质分解酵素及钙、磷、铁、有机酸类、尼克酸等，尤其以维生素 C 含量最高。

❷ 凤梨味甘、微酸，性微寒，有清热解暑、生津止渴、利小便的功效，可用于伤暑、身热烦渴、腹中痞闷、消化不良、小便不利、头昏眼花等症。

❸ 果汁中还含有一种跟胃液相类似的酵素，可以分解蛋白，帮助消化。不仅可以减肥，而且对身体健康有着不同的功效。

食用宜忌

由于凤梨中含有刺激作用的甙类物质和凤梨蛋白酶，因此应将果皮和果刺修净，将果肉切成块状，在稀盐水或糖水中浸渍后再吃。

在食肉类或油腻食物后，吃些凤梨对身体大有好处。

选购妙招

挑选凤梨要注意色、香、味三方面：果实青绿、坚硬、没有香气的凤梨不够成熟，色泽已经由黄转褐、果身边软、溢出浓香的便是果实成熟了。捏一捏果实，如果有汁液溢出就说明果实已经变质，不可以再食用了。

储存方法

已经削皮的凤梨必须放进冰箱冷藏，并在1~2天食用完。

完整的凤梨如在6~10℃下保存，不仅果皮会变色，果肉也会成水浸状，因此不要放进冰箱储藏，要在避光、阴凉、通风的地方储存，保存不宜超过1周。

推荐食谱

米饼水果夹

原料：

熟米饭100克，凤梨80克，西红柿80克，鸡蛋20克，番茄酱3克，盐、食用油各适量

做法：

❶ 鸡蛋打入米饭中，放入盐，拌匀。

❷ 热锅注油烧热，米饭煎至两面金黄色，盛出放凉。

❸ 将米饼对半切开，一半放入菠萝、西红柿。

❹ 另一半浇上番茄酱，两片叠一起。

❺ 再均匀地切成大小同等的块状，摆盘即可。

＜水果搭配营养升级推荐＞

❶ 凤梨＋茅根

茅根所含的薏苡素对骨骼肌的收缩及代谢有抑制作用。

❷ 凤梨＋鸡肉

鸡肉可缓解由于肾精不足所导致的小便频繁、耳聋、精少精冷等症状。

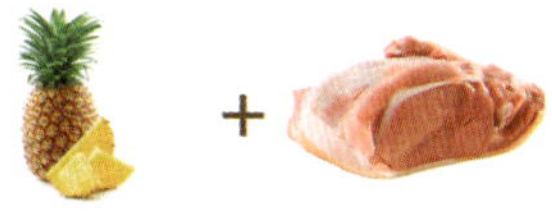

❸ 凤梨＋猪肉

猪肉有润肠胃、生津液、补肾气、解热毒的功效。

橙黄色水果

黄皮果

学名：Clausena lansium (Lour.) Skeels
分类：芸香科黄皮属
原产地：中国南部

饥食荔枝，饱食黄皮

黄皮果又名黄弹、黄皮、黄枇、黄弹子、王坛子，果色泽金黄，有些品种甜酸适口、汁液丰富而具香味，是色、香、味俱佳的水果，可与荔枝并称。叶、根皮及果核均可供药用。民间谚语云“饥食荔枝，饱食黄皮”，说明黄皮可帮助消化。

黄酮甙：一般具有降压、抗菌以及调节血浆渗透压的作用，目前还发现有抑制肿瘤细胞与防护紫外线损伤的作用。

营养分析含量表

（每 100 克含量）

热量	39 千卡
蛋白质	1.6 克
脂肪	0.2 克
碳水化合物	9.9 克
膳食纤维	4.3 克
维生素	0.035 克

营养与功效

❶ 黄皮果的营养价值与功效极高，口感酸甜，用途广泛，一身都是宝。

❷ 黄皮富含维生素 C、糖分、有机酸、果胶、黄酮甙等成分，有消食化痰、理气镇咳等功效，主治食积不化、胸隔满痛、疝气胀痛、痰饮咳喘等病症。

食用宜忌

不可多食，否则易动火、腹泻、发疮疖。

选购妙招

❶ 圆粒种：果圆球形，称为“冰糖甜黄皮”的即属此类。此中又分为大粒种与小粒种两类，大抵以汁多、味清甜者为优。

❷ 椭圆形种：果椭圆形，果形较大，种子较多，味甜带酸，品质中等。

❸ 阔卵形：形如鸡心的称“鸡心黄皮”，比圆粒种早熟，果较小，通常有种子1粒，味清甜，品质优。

储存方法

黄皮果的最佳储藏温度虽然是10~12℃，但也可以放在冰箱进行短期保存，注意不要用塑料袋装着。最多保存几天，不然容易腐烂变坏。

黄皮酱

原料：

黄皮500克，冰糖300克，蜂蜜适量

做法：

❶ 新鲜黄皮洗净晾干，去核。

❷ 锅中加入冰糖小火稍煮，加入黄皮，不停搅拌，待糖和黄皮有出汁可稍停。

❸ 熬至黄皮软糯，收汁即可，稍放凉后，倒入蜂蜜搅匀，味道更好。

<水果搭配营养升级推荐>

❶ **黄皮＋冰糖**

冰糖有生津润肺、清热解毒、止咳化痰之功效。

❷ **黄皮＋蜂蜜**

蜂蜜对妇、幼特别是老人具有良好的保健作用。

❸ **黄皮＋排骨**

食用排骨除了可为幼儿和老人提供钙质，还可以补肾养血，滋阴润燥。

橙黄色水果

榴莲

学名：Durio zibethinus Murr
分类：木棉科榴莲属
原产地：马来西亚

营养分析含量表

（每 100 克含量）

热量	133 千卡
蛋白质	2.3 克
脂肪	3.3 克
碳水化合物	27.1 克
钾	0.5 克
磷	0.036 克
镁	0.027 克
膳食纤维	2.1 克

有着浓烈气味的“水果之王”

榴莲是驰名的优质佳果，原产于马来西亚，在泰国最负有盛名，被誉为“水果之王”。它的气味浓烈，爱之者赞其香，厌之者怨其臭。成熟果肉吃起来具有陈乳酪和洋葱味，初尝似有异味，续食清凉甜蜜，故有“流连（榴莲）忘返”的美誉。

锌元素： 是人体不可缺少的微量元素，补锌可以促进儿童身体及智力发育。专家进一步指出，年龄为 12 至 13 岁的儿童补锌最有利于提高其智力，此时补锌等于补智。

营养与功效

❶ 榴莲含有很高的糖分，可以补充人体需要的能量和营养，达到强身健体、滋阴补阳的功效。

❷ 榴莲肉中谷氨酸含量特别高，能提高机体的免疫功能，调节体内酸碱平衡。

❸ 榴莲果含有较丰富的有益元素——锌，对人体有强壮补益的作用。

❹ 榴莲是热性水果，特别适合体寒的女性吃。

❺ 榴莲中含有非常丰富的膳食纤维，可以促进肠蠕动，治疗便秘。

❻ 榴莲果中维生素 A 含量丰富，有维持正常生长、生殖、视觉及抗感染的生理功能。

食用宜忌

❶ 榴莲不可与白酒同食。

❷ 榴莲不能与温性食物同吃，如牛肉、羊肉、狗肉及海鲜。

❸ 肾病患者以及心脏病病人也不宜吃榴莲。

❹ 热气体质、喉痛咳嗽、患感冒、阴虚体质、气管敏感者吃榴莲会令病情恶化，不宜食用。

选购妙招

选果皮已呈黄褐色、凸出的刺状物平均大小分布为佳。近果柄处气味愈浓愈成熟。果实上带有果粉的为佳。

储存方法

一次吃完一个榴莲最好，如果没有吃完，建议放入冰箱保存。保存榴莲时，要去除外壳，将果肉放到保鲜盒内，放置于冰箱冷藏。最理想的冷藏温度为12℃左右，最好能在3~5天内将其吃完；或者把榴莲放在冰箱的结冰处，要吃时拿出来解冻就行了，不解冻也可以当冰淇淋吃。

推荐食谱

榴莲布蕾

原料：

榴莲肉30克，淡奶油50克，牛奶200毫升，明胶粉8克，白糖适量

做法：

❶ 明胶粉与白糖一起搅拌匀。

❷ 榴莲肉打成泥。

❸ 牛奶倒入锅中加热至冒烟，加入淡奶油，加入白糖混合物，煮化，加入榴莲泥，搅拌匀。

❹ 倒入容器中，冷却后放入冰箱冷藏30分钟即可。

＜水果搭配营养升级推荐＞

❶ 榴莲＋鸡肉

鸡肉有温中益气、补精填髓、益五脏、补虚损的功效。

❷ 榴莲＋鲫鱼

鲫鱼有健脾利湿、活血通络、温中下气的功效。

❸ 榴莲＋山竹

常吃山竹可以清热解毒、改善肤质。但体质本身虚寒者则不宜多吃。

橙黄色水果

榴莲蜜

学名：A.champeden Spreng
分类：桑科木菠萝属
原产地：马来西亚

菠萝蜜和榴莲的合体

榴莲蜜的果形、外皮及植株等特性均与菠萝蜜相似，果形则较菠萝蜜为小，皮较薄，因此又名“小菠萝蜜”，又因其带有似榴莲般的气味，故名为“榴莲蜜”。榴莲蜜的果肉柔软芬芳，独特可口，香味浓郁。

维生素 B 族： 维生素 B 族的作用是相辅相成的，单独摄取任何一种或其中数种，只会增加其他未补充维生素 B 的需要量。维生素 B 族必须同时发挥作用。维生素 B 族对于维护人体健康、预防及治疗多种疾病都有着重要作用。

营养分析含量表

（每 100 克含量）

蛋白质	0.2 克
脂肪	0.3 克
膳食纤维	0.8 克
碳水化合物	24.9 克
钾	0.33 克
钠	0.01 克
镁	0.02 克
磷	0.02 克

营养与功效

现代医学研究证实，榴莲蜜含有丰富的糖类、蛋白质、B 族维生素（B_1、B_2、B_6）、维生素 C、矿物质、脂肪油等。榴莲蜜中的糖类、蛋白质、脂肪油、矿物质和维生素对维持机体的正常生理机能有一定作用。

食用宜忌

一般人群均可食用，糖尿病患者不宜食用榴莲蜜干。

选购妙招

买榴莲蜜时，根据外观、颜色和气味可以判断其品质优劣。质优的榴莲蜜，外皮是完好无损的，其中带有比较多的尖尖的“小钉”或者说“刺”。外皮带点小黑点是正常的，也是成熟菠萝蜜的正常现象。成熟的榴莲蜜，一般是金黄色的。还没完全熟透的榴莲蜜，买回去后放两三天，就会慢慢变成熟、变黄。成熟了的榴莲蜜会有比较浓的香味，而且表皮会有一点点的裂开，裂开的地方香味更加浓郁。

储存方法

未扒开可存储 1 周，扒开后不易存储，放入冰箱冷藏，2 天内为最佳赏味时期。

榴莲蜜冰糕

原料：

榴莲蜜 100 克，牛奶 100 毫升

做法：

❶ 处理好的榴莲蜜切成小块。

❷ 取冰糕模具，放入榴莲蜜肉。

❸ 倒入牛奶，放入冰箱冷冻至完全结冰即可。

<水果搭配营养升级推荐>

❶ 榴莲蜜 + 猪肉

猪肉是日常生活的主要副食品，具有补虚强身、滋阴润燥、丰肌泽肤的作用。

❷ 榴莲蜜 + 冰糖

中医认为冰糖具有润肺、止咳、清痰、去火的作用。

❸ 榴莲蜜 + 鸡肉

鸡肉可祛胃寒、补血益气、滋润养阴。

百香果

学名：Passiflora edulis Sims.
分类：西番莲科西番莲属
原产地：巴西

营养分析含量表

（每 100 克含量）

热量	66 千卡
蛋白质	2.2 克
脂肪	2.4 克
碳水化合物	10.7 克
钾	0.2 克
维生素 A	0.161 克
维生素 C	0.03 克
膳食纤维	5.3 克

排毒养颜深度清理，值得拥有

百香果含有多种对人体有益的元素，对身体机能有净体排毒的作用。可增加胃部饱足感，减少多余热量的摄入，抑制人体对脂肪的吸收。其中富含的胡萝卜素、SOD 酶具有治疗青春痘的效益，达到养颜、润肤的成效。百香果可生食或作蔬菜、饲料，入药具有兴奋、强壮之效。

SOD 酶（超氧化物歧化酶）：是一种源于生命体的活性物质，能消除生物体在新陈代谢过程中产生的有害物质。人体不断地补充 SOD 酶具有抗衰老的特殊效果。据了解，SOD 酶是中国卫生部批准的具有抗衰老、免疫调节、调节血脂、抗辐射、美容功能的物质之一。

营养与功效

百香果含有人体所需的 17 种氨基酸、多种维生素和类胡萝卜素，其中包括非常丰富的天然维生素 C，每 100 毫升果汁中就含有维生素 C 346 毫克，还富含维生素 A、B_1、B_2 等，另外还含有丰富的钙、磷、铁和多种氨基酸等营养成分。

百香果中的可溶性固形物占 5%~16%，总酸量为 38%~40%，甜酸适中。

百香果的果汁色、香、味、营养均极佳，富含人体必需的 17 种氨基酸及多种维生素、微量元素等 160 多种有益成分，适合制作果冻、果露、果酱等产品，具有消除疲劳、提神醒酒、降脂降压、消炎去斑、护肤养颜等神奇功效。

食用宜忌

内分泌系统疾病、男性疾病、妇科疾病、儿科疾病、传染性疾病、神经性疾病患者，母婴，久病体虚人群不适宜食用百香果。消化系统疾病患者慎服。

选购妙招

果皮带有皱纹、颜色较深、果实大即是良品。

储存方法

将买来的百香果放置于室温通风处即可。

推荐食谱

威士忌百香青苹果酱

原料：

青苹果 700 克，百香果 80 克，柠檬 1 个，白砂糖 200 克，威士忌 30 毫升

做法：

❶ 青苹果洗净，去皮，切块，放入锅中。

❷ 加入百香果果肉、白砂糖，开火熬煮。

❸ 倒入威士忌，不断搅拌熬煮至软烂后，挤入柠檬汁，煮至黏稠即可。

< 水果搭配营养升级推荐 >

❶ 百香果 + 蜂蜜

蜂蜜有滋养、润燥、解毒、美白养颜、润肠通便的功效。

❷ 百香果 + 芒果

芒果具有清热生津、解渴利尿、益胃止呕等功能。

❸ 百香果 + 牛奶

牛奶脂肪中的胆固醇含量比肉、蛋类低，具有降低体内胆固醇的功效。

橙黄色水果

木瓜

学名：Chaenomeles sinensis (Thouin)Koehne
分类：蔷薇科木瓜属
原产地：中美洲之热带区域

集“百益之果”“水果之皇”“万寿瓜”于一身

木瓜果皮光滑美观，果肉厚实细致，香气浓郁，汁水丰多，甜美可口，营养丰富，有“百益之果”“水果之皇”“万寿瓜”之雅称，是岭南四大名果之一，多吃可延年益寿。

维生素 K：是维护血液功能正常凝固、减少生理期大量出血必不可少的物质，还可防止内出血及痔疮。经常流鼻血的人应该多从天然食物中摄取维生素 K。

营养与功效

木瓜含有木瓜酵素以及多种维生素、矿物质和 β－胡萝卜素等。木瓜具有的药理作用可以调解神经功能、抗发炎、镇痛。营养中所含的木瓜酵素能够帮助消化、促进蛋白质分解和吸收，以及去除脸上老化的角质层；维生素 C 则能刺激干扰素的生成，并防止细胞受到氧化伤害，预防类风湿性关节炎的症状发生。其中的木瓜酸能清理肠胃，改善胃炎和十二指肠溃疡；而维生素 K 和 β－胡萝卜素可以有效对抗导致衰老的自由基。所以木瓜可说是最具有营养价值的水果之一。

营养分析含量表

（每 100 克含量）

热量	52 千卡
蛋白质	0.8 克
脂肪	0.1 克
碳水化合物	13.4 克
钾	0.22 克
维生素 C	0.07 克
膳食纤维	1.7 克

食用宜忌

木瓜不可与海鲜一起吃，可能会导致腹痛头晕、食物中毒；与南瓜一起吃，会降低营养与功效；与油炸食物一起吃，容易引起肠胃不适，严重者可能导致腹泻、呕吐等症状。

选购妙招

果形饱满者比呈波浪状者为优。若尾端先呈黄色，逐渐再朝果柄处延伸变色，则较为甜美。

储存方法

木瓜不宜在冰箱中存放太久，以免长斑点或变黑。

木瓜黑糯米甜甜

原料：

木瓜块 130 克，水发黑米 70 克，水发糯米 80 克，牛奶 60 毫升

做法：

❶ 碗中放入泡发好的黑米、糯米，注入适量清水，没过食材，放入电蒸锅，蒸 30 分钟。

❷ 榨汁杯中倒入木瓜、牛奶，开始榨汁。

❸ 将榨好的木瓜牛奶汁盛入碗中。

❹ 将蒸好的食材放凉，捏成丸子状，放入木瓜牛奶汁中即可。

< 水果搭配营养升级推荐 >

❶ 木瓜 + 雪蛤

雪蛤可以补肾益精、养阴润肺、健脑益智、平肝养胃，用于阴虚体弱、神疲乏力、心悸失眠、盗汗不止等症。

❷ 木瓜 + 香蕉

香蕉热量低，成分中的抗溃疡化合物可有效抑制胃酸。

❸ 木瓜 + 杏仁

杏仁容易被人体吸收，食用不但可以美容养颜，还有减肥功效。

橙黄色水果

哈密瓜

学名：Cucumis melo var. saccharinus

分类：葫芦科甜瓜属

原产地：新疆和甘肃敦煌一带

营养分析含量表	
（每 100 克含量）	
热量	24 千卡
膳食纤维	0.1 克
蛋白质	0.4 克
碳水化合物	5.6 克
脂肪	0.1 克
钠	0.019 克
钾	0.134 克

富含多种维生素的“瓜中之王”

哈密瓜是很多人喜爱的水果，味道香甜，但是它的神奇作用却往往被人忽视。哈密瓜不仅可以减肥、防晒，而且对冠心病、癌症都有预防功效，因此有“瓜中之王”的美誉。

钾： 钾可以给身体提供保护，还能够保持正常的心率和血压，可以有效地预防冠心病，还能防止肌肉痉挛。

营养与功效

❶ 哈密瓜中含有铁元素，食用哈密瓜对人体造血机能有显著的促进作用，可以用来作为贫血的食疗之品。

❷ 哈密瓜鲜瓜肉中维生素的含量比西瓜多 4~7 倍，比苹果高 6 倍，这些成分有利于人的心脏和肝脏工作以及肠道系统的活动，促进内分泌和造血机能，加强消化过程。

❸ 哈密瓜中含有丰富的抗氧化剂，能有效增强人体细胞抗防晒能力，减少皮肤黑色素的形成。

❹ 哈密瓜中钾的含量非常高，有益身体。

❺ 中医认为，哈密瓜性偏寒，具有疗饥、利便、益气、清肺热止咳的功效，适宜于肾病、胃病、咳嗽痰喘、贫血和便秘患者。

❻ 哈密瓜果肉有利小便、止渴、除烦热、防暑气等作用，可辅助治疗发烧、中暑、口渴、尿路感染、口鼻生疮等症状。

❼ 如果常感到身心疲倦、心神焦躁不安，或是口臭，食用哈密瓜会有所改善。

食用宜忌

哈密瓜性凉，不宜吃过多。

患有脚气病、黄疸、腹胀、便溏、寒性咳喘及产后、病后的人不宜多食。孕妇可以在怀孕的时候适当吃点哈密瓜，但产后不宜食用。

选购妙招

挑瓜时可以用手摸一摸，如果瓜身坚实微软，成熟度就比较适中。

储存方法

当放入冰箱冷藏室时，哈密瓜的保存期限在5个月左右。天气过于炎热时，哈密瓜的保存期限在2天左右。

推荐食谱

哈密瓜牛奶蒸鸡蛋

原料：

鸡蛋2个，牛奶250毫升，提子、哈密瓜各适量，白糖少许

做法：

❶ 把鸡蛋打入碗中，打散调匀。

❷ 将洗净的提子对半切开，将哈密瓜挖成小球状。

❸ 把白糖倒入牛奶中搅匀，加入蛋液中继续搅拌。

❹ 电饭锅倒入适量清水，放入牛奶蛋液蒸20分钟。

❺ 把蒸好的牛奶鸡蛋取出，放上切好的提子和挖好的哈密瓜即可。

<水果搭配营养升级推荐>

❶ 哈密瓜+银耳

银耳的特点是滋润而不腻滞。

❷ 哈密瓜+胡萝卜

胡萝卜中含有的胡萝卜素可转变成维生素A，作为一种抗氧化剂，有抑制氧化及保护机体正常细胞免受氧化损害的防癌作用。

❸ 哈密瓜+牛奶

牛奶是人体钙的最佳来源。

橙黄色水果

龙功果

学名：Lansium domesticum
分类：楝科
原产地：泰国南部湿热地区

适于缓解瘀血阻滞之病症

龙功果全身是宝，药用价值高。果皮烘干后既可用来驱蚊，也可用来治疗肠内寄生虫和腹泻；籽粉用于降烧；树皮用于治疗疟疾和蝎螯伤；果肉具有疏风解表、除痰行气的功效。

磷： 磷和钙都是骨骼、牙齿的重要构成材料，促成骨骼和牙齿的钙化不可缺少的营养素。有些婴儿因为缺少钙和磷，常发生软骨病或佝偻病。

营养与功效

❶ 龙功果可用于胸胁疼痛、风湿痹痛、症瘕结块、疮疡肿痛、跌扑伤痛、月经不调、经闭痛经、产后瘀痛等病症。其辛散温通，功能活血祛瘀，作用广泛，适用于各种瘀血阻滞之病症，尤为妇科调经要药。

❷ 龙功果用于跌打损伤、局部肿痛，可与栀子、桃仁、红花同用。龙功果用于冠心病心绞痛，症见胸闷憋气、心前区压痛频繁发作者，可与红花、丹参、降香、赤芍同用。

❸ 龙功果可用于感冒头痛、偏正头痛等症。

❹ 龙功果用于胆囊炎之上腹胁肋胀痛，可与柴胡、黄芩等同用。龙功果用于胃炎之上腹胀痛、吐酸烧心等症，可与蒲公英、木香等同用。

营养分析含量表

（每 100 克含量）

碳水化合物	7.8 克
蛋白质	0.4~0.7 克
钙	0.019 克
磷	0.02 克
盐酸	0.02 克
维生素 C	0.013 克

食用宜忌

龙功果属温性水果，吃多了会燥热上火，排汗多，容易口腔溃疡的人尽量少吃。

选购妙招

果实圆润饱满的质量最佳；尽量避免选到果皮破裂，流果浆、黏液，虫害蛀洞等的龙功果。表皮有点黑、果实呈褐色微红、枝干上有小蚂蚁等，都不影响食用。

储存方法

龙功果对保鲜要求比较高，常温下保存 2 天左右，放冰箱里可保存 3~4 天，但放进冰箱之后再拿到常温环境，会加速变坏。

威灵仙龙功薏米汤

原料：

威灵仙 10 克，龙功果 20 克，水发薏米 50 克

做法：

❶ 砂锅中注入适量清水烧开，放入洗净的威灵仙。

❷ 小火煮 20 分钟，至其析出有效成分，捞出药渣。

❸ 倒入薏米、龙功果肉，搅拌匀。

❹ 盖上盖，用小火煮 30 分钟，至食材熟透，盛入碗中即可。

< 水果搭配营养升级推荐 >

❶ 龙功果 + 薏米

薏米具有容易消化吸收的特点。

❷ 龙功果 + 蒲公英

蒲公英有利尿、缓泻、退黄疸、利胆等功效。

❸ 龙功果 + 桃仁

桃仁具有活血祛瘀、润肠通便、止咳平喘的功效，用于经闭痛经、跌扑损伤、肠燥便秘、咳嗽气喘。

橙黄色水果

佛手柑

学名：Citrus medica L. var.sarcocactylis Swingle

分类：芸香科柑橘属

原产地：广东、广西、福建、云南、四川、浙江、安徽等地

营养分析含量表

（每 100 克含量）

热量	66 千卡
蛋白质	0.9 克
碳水化合物	7.7 克
维生素 C	22 微克

根、茎、叶、花、果均可入药

佛手柑全身都是宝，其根、茎、叶、花、果均可入药，味辛、苦、甘，性温，无毒，入肝、脾、胃三经，有理气化痰、止咳消胀、舒肝健脾和胃等多种药用功能。佛手柑通常用作中药，或因其果形奇特而作为观赏植物。佛手柑被大量制作成凉果食用及出售。

碳水化合物：是由碳、氢和氧三种元素组成，由于它所含的氢氧的比例为二比一，和水一样，故称为碳水化合物。它是为人体提供热能的三种主要营养素中最廉价的，是一切生物体维持生命活动所需能量的主要来源。

营养与功效

❶ 佛手柑对老年人的气管炎、哮喘病有明显的缓解作用；对一般人的消化不良、胸腹胀闷有更为显著的疗效。

❷ 据史料记载，佛手柑的根可治男人下消、四肢酸软；花、果可泡茶，有消气作用；果可治胃病、呕吐、噎嗝、高血压、气管炎、哮喘等症。

❸ 据《归经》等记载，佛手柑兼具治鼓胀发肿病、妇女白带病及醒酒作用，是配制佛手中成药的主要原料。

❹ 佛手柑的果实还能提炼佛手柑精油，是良好的美容护肤品。

❺ 佛手柑的花与果实均可食用，可作佛手花粥、佛手笋尖、佛手炖猪肠等；有理气化痰、舒肝和胃、解酒之功效。

食用宜忌

消化不良、胸闷气涨、呕吐、肝胃气痛（包括慢性胃炎、神经性胃痛）以及传染性肝炎、舌苔厚腻、气管炎咳嗽多痰者及醉酒之人宜食。

阴虚内热和体质虚弱者不宜吃。

选购妙招

质硬而脆，受潮后柔软。气芳香，果皮外部味辛、微辣，内部味甘而后苦。以皮黄肉白、香气浓郁者为佳。

储存方法

避光、阴凉、通风处保存。

佛手柑粥

原料：

水发大米 160 克，佛手柑 20 克，冰糖 30 克

做法：

❶ 砂锅中注入适量清水，大火烧热。

❷ 倒入大米、佛手柑、冰糖，搅拌片刻。

❸ 盖上锅盖，大火煮 30 分钟至熟软。

❹ 掀开锅盖，持续搅拌片刻。

❺ 关火，将粥盛出装入碗中即可。

< 水果搭配营养升级推荐 >

❶ 佛手柑 + 玫瑰花

玫瑰花可以有效促进血液循环，改善体内内分泌失调。

❷ 佛手柑 + 生姜

生姜的提取物能刺激胃黏膜，促进血液循环，振奋胃功能，具有健胃、止痛、发汗、解热的作用。

❸ 佛手柑 + 红糖

红糖具有益气补血、健脾暖胃、活血化瘀的作用。

橙黄色水果

沙棘

学名：Hippophae rhamnoides Linn.
分类：胡颓子科沙棘属
原产地：分布于华北、西北、西南等地

沙漠里的维生素 C 之王

沙棘果实的维生素 C 含量高，素有“维生素 C 之王”的美称。沙棘果实营养丰富，其中维生素 C 含量极高，每 100 毫升果汁中，维生素 C 含量可达到 0.8~1.1 克。

维生素 C：许多研究证明维生素 C 可以阻断致癌物 N- 亚硝基化合物合成，预防癌症。

营养与功效

❶ 沙棘的果和油具有很高的药用价值，可降低胆固醇，缓解心绞痛发作，还有防治冠状动脉粥样硬化性心脏病的作用。

❷ 有祛痰、止咳和治疗慢性气管炎的作用。

❸ 能治疗胃和十二指肠溃疡以及消化不良、慢性浅表性胃炎、萎缩性胃炎、结肠炎等病症。

❹ 对烧伤、烫伤、刀烧、冻伤有很好的治疗作用；对妇女宫颈糜烂有良好的治疗效果。

❺ 沙棘中 SOD 活性成分丰富，每克沙棘鲜果的 SOD 含量达到 27460 个酶单位，这种自由基与人体衰老、疾病的发生密切相关。

❻ 沙棘的根、茎、叶、花、果、肉含有丰富的营养物质和生物活性物质，可广泛应用于食品、医药、轻工、航天、农牧鱼业等国民经济领域。

营养分析含量表

（每 100 克含量）

钙	0.1 克
蛋白质	0.9 克
脂肪	1.8 克
碳水化合物	24.7 克
维生素 C	1 克
膳食纤维	0.8 克
钾	0.36 克
磷	0.054 克

食用宜忌

沙棘性温，体温热者不宜食用。

选购妙招

果实类球形或扁球形，单个或数个粘连，单个直径 5~8 毫米；表面棕红色或黑褐色，皱缩，多具短小果柄；果肉油润，质柔软。以粒大、肉厚、油润者为佳。

储存方法

未吃完的沙棘果，可以先放入冰箱保存，但也要尽快食用完。贮藏果实必须保持低温、通风和能排除有害气体的环境。

沙棘果酱

原料：

沙棘果 100 克，柠檬汁 150 毫升，白糖 200 克，蜂蜜 100 克

做法：

❶ 将沙棘果去杂质洗净，榨汁澄清，滤出清汁。

❷ 锅内加水把沙棘果汁煮开，倒入柠檬汁，加白糖煮沸。

❸ 关火后放温加入蜂蜜，盛起装瓶封口。

<水果搭配营养升级推荐>

❶ 沙棘 + 冰糖

冰糖具有补中益气、和胃润肺、养阴生津等功能。

❷ 沙棘 + 排骨

排骨富含蛋白质和脂肪，可以补充人体所需的营养。

❸ 沙棘 + 醋

醋含有人体不能自身合成、由食物供给的 8 种氨基酸。

橙黄色水果

酸浆

学名：Physali alkekengi L.
分类：茄科酸浆属
原产地：中国，南北均有野生资源分布

营养分析含量表

（每 100 克含量）

β-胡萝卜素	0.0002 克
维生素 C	0.028 克
维生素 E	0.002 克
钾	0.19 克
镁	0.011 克
磷	0.045 克
钙	0.189 克

营养较丰富的水果

酸浆含有人体所需的多种维生素，新鲜浆果中含维生素 B 的复合体比西红柿高 3 倍，同时也具有一定的药用价值，所以酸浆也是药食一体的高级新型营养保健“草本水果”。

维生素 B：维生素 B 可以保护饮酒者的肝脏，对肝功能来说最重要的营养成分不只是蛋白质，维生素也不可或缺。在肝脏内将淀粉转化成糖时它是不可缺少的营养素，营养素重新排列，合成新的物质；另外肝脏还要分解无用的物质和毒素。这些活动主要靠酶，酶在发挥作用时依靠的是维生素。因此当维生素缺乏时，肝脏就无法正常工作了。

营养与功效

❶ 酸浆具有清热解毒、利尿降压、强心抑菌等功能，主治热咳、咽痛、音哑、急性扁桃体炎、小便不利和水肿等病症。

❷ 酸浆果实中含有人体需要的多种营养成分，其中钙的含量是西红柿的 73.1 倍、胡萝卜的 13.8 倍，维生素 C 的含量是西红柿的 6.4 倍、胡萝卜的 5.4 倍。

❸ 酸浆独特的风味和丰富的营养，是加工饮料、果酒等饮品的好原料。

食用宜忌

咽痛音哑、痰热咳嗽、小便不利的患者非常适宜食用；孕妇、身体虚弱和下泻患者忌食。

选购妙招

表面有一层类似干枯的表皮，表皮腐烂的不能选。颜色浅黄、果实饱满的为佳。

储存方法

如果买来的酸浆一时吃不完，可以用袋子装好保存，置于阴凉通风干燥处即可；或者把酸浆放在塑料袋里放入冰箱，能够保存较长的时间。

酸浆果冻芝士蛋糕

原料：

酸浆果酱 100 克，饼干碎 80 克，吉利丁片 10 克，牛奶 100 毫升，黄奶油 40 克，植物鲜奶油 150 克，芝士 250 克，细砂糖 60 克

做法：

❶ 碗中倒入黄油和饼干碎，制成黄油饼干。

❷ 锅中拌入牛奶、植物鲜奶油、芝士和细砂糖。

❸ 再放入泡软后的吉利丁片，拌匀，用小火煮至溶化，倒入酸浆果酱，制成酸浆芝士奶油。

❹ 模具盛入黄油饼干，压平，倒入酸浆芝士奶油，至七八分满，置于冰箱中冷冻约 1 小时，脱模即可。

< 水果搭配营养升级推荐 >

❶ 酸浆 + 苏打水

苏打水有抗氧化作用，能预防皮肤老化。

❷ 酸浆 + 冰糖

冰糖具有补中益气、止咳化痰、止汗解毒等功能。

❸ 酸浆 + 猪肉

猪肉适宜阴虚、头晕、贫血、大便秘结、营养不良之人，产后乳汁缺乏的妇女及青少年、儿童食用。

橙黄色水果

酸角

学名：Tamarindus indica

分类：豆科酸豆属

原产地：热带非洲或亚洲南部

营养分析含量表

（每 100 克含量）

热量	257 千卡
碳水化合物	68.90 克
脂肪	2.30 克
膳食纤维	6.90 克

甜和酸两个极端的“东方神树”

酸角是一个单种属，仅 1 种两个类型——甜型和酸型，是酸角糕的主要原料。金沙江干热河谷是我国酸角的主要产区。酸角素有“东方神树”之称。

氨基酸：含有氨基和羧基的一类有机化合物的通称，生物功能大分子蛋白质的基本组成单位，是构成动物营养所需蛋白质的基本物质。

营养与功效

❶ 用于暑热伤津、烦躁口干，可用酸角煎汤取汁，加白糖调味服；用于食积不消、呕逆少食，单用酸角，或用山楂、麦芽煎汤服；用于大便秘结而有热者，可用沸水浸泡服。果肉有轻泻作用。

❷ 酸角果肉富含糖、酒石酸、柠檬酸等成分，食酸角有开胃助消化的功效。同时酸角中还含有钙、磷、铁等多种矿物质，钙的含量在水果中尤其高。

选购妙招

选择酸角制品时应选购不添加任何防腐剂和添加剂成分的。

储存方法

酸角置于阴凉干燥处保存即可，另：

❶ 酸角果脯：剥壳后用白糖腌渍，3~5 天就可以吃，酸酸甜甜。

❷ 酸角汤：剥壳后放入适量冷水、红糖煮开，放凉再放入冰箱。

❸ 制成酸角糕存入冰箱，可保存 3 个月左右。

Chapter 2

红色水果——延缓衰老

红色食物富含番茄红素，番茄红素可保护细胞膜，减少自由基的侵害，具有一定的延缓衰老作用。红色水果通常有助于血液循环、振奋心情、减轻疲劳，一般来说，红色水果所包含的热量都很低。红色水果有很好的抗氧化效果，同时还有降低血脂、软化血管以及保护心脏等作用！此外，红色水果含有大量抗氧化剂，能修复自由基对人体造成的损害；而大量的可溶性膳食纤维有助于降低低密度脂蛋白的含量。

红色水果

草莓

学名：Fragaria ananassa Duch.
分类：蔷薇科草莓属
原产地：南美

种子长在果皮上的水果

草莓的营养容易被人体吸收，又含有丰富的维生素 C，能补血，还能抗氧化，是极好的养颜圣品。草莓是水果中的皇后，有着心形的面容、浓郁的香味以及多汁的果肉。

维生素 A：具有调节表皮及角质层新陈代谢的功效，可以抗衰老、去皱纹，预防夜盲症、视力衰退，治疗各种眼疾。

营养分析含量表

（每 100 克含量）

水分	89 克
蛋白质	1.1 克
脂肪	0.2 克
碳水化合物	9.2 克
磷	0.035 克
钾	0.18 克
钠	0.018 克
维生素 C	0.066 克
膳食纤维	1.8 克

营养与功效

❶ 草莓所含的胡萝卜素是合成维生素 A 的重要物质，具有明目养肝的作用。

❷ 草莓富含维生素 C，可预防坏血病、动脉硬化、冠心病。

❸ 草莓富含果胶，可改善便秘，预防痔疮。

❹ 草莓对胃肠道和贫血均有一定的滋补调理作用。

❺ 草莓富含鞣酸，在人体内可阻碍消化道对致癌化学物质的吸收，具有防癌作用。

食用宜忌

痰湿内盛、肠滑便泻、尿路结石患者不宜多食草莓。

选购妙招

果蒂鲜嫩呈深绿色，果实鲜艳有光泽即是良品。若是蒂头周围的果肉呈白色，则未成熟。

储存方法

水洗时果蒂要保留，不要常触摸，可放入冰箱冷藏。要吃的时候才清洗，因为容易受损腐坏，要尽快吃完，吃不完的也可以做成果酱或蜜饯。

草莓奶昔

原料：

草莓 100 克，牛奶 250 毫升

做法：

❶ 草莓洗净切块 。

❷ 将牛奶、草莓倒入搅拌机，搅打成泥。

❸ 装入杯子即可。

< 水果搭配营养升级推荐 >

❶ 草莓＋猕猴桃

猕猴桃能促进肠胃蠕动，是天然的排毒神器。

❷ 草莓＋圣女果

圣女果可清心安神、清热除烦、滋养补血。

❸ 草莓＋花生

花生含有丰富的蛋白质、维生素 B、维生素 E、钙、铁及植物性脂肪，却不含胆固醇，并且可以保护肝脏。

红色水果

苹果

学名：*Malus pumila*
分类：蔷薇科苹果属
原产地：欧洲中部、东南部，中亚、西亚以及中国

营养成分易被人体吸收的“活水”

苹果树为落叶乔木。苹果的果实富含矿物质和维生素，是人们最常食用的水果之一。苹果是一种低热量食物，每100克只产生60千卡热量。苹果中的营养成分可溶性大，易被人体吸收，故有“活水”之称，有利于溶解硫元素，使皮肤润滑柔嫩。苹果酸甜可口，营养丰富，是老幼皆宜的水果之一，味甜或略酸，品种繁多，具有丰富的营养成分，有食疗、辅助治疗的功能。

β－胡萝卜素： β－胡萝卜素是自然界中最普遍存在也是最稳定的天然色素，是一种抗氧化剂，具有解毒作用，是维护人体健康不可缺少的营养素，在抗癌，预防心血管疾病、白内障及抗氧化上有显著的功能，并进而可防止老化和衰老引起的多种退化性疾病。

营养分析含量表

（每100克含量）

热量	28千卡
水分	92克
蛋白质	2.0克
脂肪	0.3克
碳水化合物	5.2克
磷	0.035克
钾	0.2克
维生素	0.02克
膳食纤维	2.3克

营养与功效

❶ 苹果富含维生素C、维生素E和β－胡萝卜素，能使血糖稳定、降低胆固醇，有效预防心脏病。苹果富含膳食纤维，若搭配蜂蜜食用，可产生天然的润肠效果，有强健肠胃的作用。

❷ 苹果含有丰富的糖类，如苹果酸、蔗糖和果胶，以及蛋白质、脂肪、多种维生素和矿物质。

❸ 苹果皮具有抗癌功能，苹果酸则含有具抗氧化作用但容易侵蚀牙齿的珐琅质，所以吃完苹果要漱口。

❹ 苹果含钾盐，可排除体内多余的钠离子，帮助降低血压。

食用宜忌

溃疡性结肠炎、白细胞减少症、前列腺肥大患者，平时有胃寒症状者忌生食苹果。肾炎和糖尿病患者不宜多吃。

选购妙招

苹果果蒂新鲜，外皮无伤痕，手弹有清脆响声者比较多汁。

储存方法

如果买来的苹果一时吃不完，将苹果用筐子装起来，放在阴凉通风处，可以保持新鲜 7~10 天；或者把苹果装在塑料袋里放入冰箱，能够保存较长的时间。

苹果玫瑰卷

原料：

苹果 1 个，冷冻酥皮 1 盒，糖粉 2 克，肉桂粉 2 克，水 200 毫升，砂糖 3 大匙，柠檬汁 1 匙

做法：

❶ 苹果切成四份，去核，切成约 0.5 厘米的薄片。

❷ 水加砂糖煮沸后放苹果片、柠檬汁煮约 3 分钟，捞起沥干水分。

❸ 冷冻酥皮切成约和苹果宽度相当的条，撒上肉桂粉，将苹果片平铺上面，卷起来。放入烤箱，以 175℃烤 25 分钟，摆盘后撒上糖粉即可。

< 水果搭配营养升级推荐 >

❶ 苹果 + 葡萄柚

所含的维生素 C 可参与人体胶原蛋白合成，促进抗体的生成，以增强机体的解毒功能。

❷ 苹果 + 山药

山药主要可健脾、厚肠胃、补肺、益肾。

❸ 苹果 + 洋葱

洋葱能吸收污染食品中的有毒金属元素。

红色水果

沙果

学名：Malus asiatica Nakai
分类：蔷薇科苹果属
原产地：中国

可生津止渴、消食除烦和化积滞

沙果是中国的特有植物，酸甜可口。沙果中的有机酸、维生素含量非常丰富，食之有生津止渴、消食除烦和化积滞的作用。沙果富含蛋白质、脂肪、碳水化合物、热量、膳食纤维、胡萝卜素、维生素 B_1、维生素 B_2、维生素 C、烟酸、钙、磷、铁、钾、钠、镁等营养成分。

β－胡萝卜素：摄入人体消化器官后可以转化成维生素 A，是目前最安全补充维生素 A 的产品，具有保护视力的功效。

营养与功效

❶ 沙果中的有机酸、维生素含量非常丰富，食之有生津止渴、消食除烦和化积滞的作用。

❷ 沙果具有良好的涩精、止泻痢的作用，是泄泻下痢、遗精滑泄者的食疗良品。

❸ 沙果根水煎服具有驱虫、杀虫的作用，可治绦虫、蛔虫等所致的疾病。

❹ 沙果的叶鲜用或晒干，都有泻火明目、杀虫解毒的作用。

❺ 沙果酿含有丰富的 β－胡萝卜素、叶酸、维生素等成分，能促进肠胃消化，加速体内废弃物的排泄，起到美肤养颜的作用。

营养分析含量表

（每 100 克含量）

热量	69 千卡
蛋白质	0.3 克
脂肪	0.8 克
碳水化合物	15.1 克
膳食纤维	0.9 克
灰分	0.2 克
钙	0.045 克
钾	0.15 克

食用宜忌

沙果果味酸涩而收敛，具有良好的涩精、止泻痢的作用，是泄泻下痢、遗精滑泄者的食疗佳品。绦虫、蛔虫等所致疾病及眼目青盲、翳膜遮眼和小儿疥疮等症患者更适宜食用。沙果涩敛，忌多食；此外，脾弱气虚者也要忌食。

选购妙招

大小均匀整齐、枝梗新鲜牢固、果肉饱满、无虫蚀的沙果为佳。

储存方法

在吃不完的情况下可以放冰箱保存，但不建议冷藏太久。

沙果蓝莓汁

原料：

沙果 200 克，蓝莓 70 克，柠檬 20 克，白糖适量

做法：

❶ 洗净的沙果切块，待用。

❷ 备好榨汁机，倒入蓝莓、沙果块，挤入柠檬汁，倒入适量凉开水。

❸ 榨汁，盛出即可。

< 水果搭配营养升级推荐 >

❶ 沙果 + 葡萄

葡萄富含花青素，可清除体内的自由基，抗衰老。

❷ 沙果 + 芡实

煮汤喝具有涩精止遗的功效，适用于男子遗精滑泄之病症。

❸ 沙果 + 醋

具有行气止痛、化痰散结的功效，适用于小儿瘰病及羸瘦等病症。

红色水果

海棠果

学名：Calophyllum inophyllum L.
分类：蔷薇科红厚壳属
原产地：中国

营养分析含量表

（每 100 克含量）

热量	73 千卡
蛋白质	0.3 克
脂肪	0.2 克
碳水化合物	19.2 克
膳食纤维	1.8 克
维生素 C	0.02 克
钙	0.015 克
磷	0.016 克
钾	0.26 克

可治疗消化不良、食积腹胀之症

海棠果中维生素、有机酸及氨基酸的含量较为丰富，可以帮助胃部消化。据明代医学家李时珍的研究证明，海棠的花、根、果实均可入药，能祛风湿、平肝舒筋，主治风湿疼痛、脚气水肿、吐泻引起的转筋、妇女不孕、尿道感染等症。

维生素 A: 维生素 A 可参与糖蛋白的合成，这对于上皮的正常形成、发育与维持十分重要。当维生素 A 不足或缺乏时，可导致糖蛋白合成中间体的异常，削弱了防止细菌侵袭的天然屏障。

营养与功效

❶ 海棠果含有糖类、多种维生素及有机酸，可以帮助补充人体的细胞内液，从而具有生津止渴的效果。

❷ 海棠果中维生素、有机酸及氨基酸的含量较为丰富，能帮助胃肠对饮食物进行消化，故可用于治疗消化不良、食积腹胀之症。

❸ 海棠果味甘、微酸，甘能缓中，酸能收涩，具有收敛止泄、和中止痢之功用，能够治疗泄泻下痢、大便溏薄等病症。

❹ 海棠果中蕴含有大量人体必需的营养物质，如糖类、多种维生素、有机酸等，可供给人体养分，提高机体免疫力。

食用宜忌

一般人群均可食用，胃溃疡及胃酸过多患者忌食。

海棠果不能和黄瓜一起吃，黄瓜中含有的维生素 C 分解酶会破坏海棠果中的维生素 C。

选购妙招

外观上要选择均匀的、形状比较圆的海棠果，不要选择形状有缺陷、畸形的果实。成熟的果实会散发出香味，在购买的时候可以闻下海棠果的味道。

储存方法

将海棠果装在塑料袋里放入冰箱，能够保存较长的时间。或用筐子装起来，放在阴凉通风处，可以保持 7 ~ 10 天的新鲜。

推荐食谱

海棠蔬果沙拉

原料：

海棠果丁 40 克，生菜片 20 克，橙子丁 20 克，猕猴桃片 20 克，黄瓜片 20 克，西蓝花条 20 克，紫甘蓝条 20 克，沙拉酱 20 克，橄榄油适量

做法：

❶ 西蓝花、紫甘蓝焯水备用。

❷ 玻璃盘上放入切好的紫甘蓝条、西蓝花条、黄瓜片、海棠果丁、橙子丁、猕猴桃片、生菜片。

❸ 再倒入适量橄榄油、沙拉酱，拌匀即可。

< 水果搭配营养升级推荐 >

❶ 海棠果 + 冰糖

冰糖可用于治疗食欲不振、肺燥咳嗽、高血压等症。

❷ 海棠果 + 菠萝

菠萝可消除身体的紧张感和增强机体的免疫力。

❸ 海棠果 + 猕猴桃

猕猴桃中的膳食纤维不仅能够降低胆固醇，而且可以帮助消化，防止便秘，清除体内有害代谢物。

红色水果

山楂

学名：Crataegus pinnatifida Bunge
分类：蔷薇科山楂属
原产地：中国内地

提取物对抑制体内癌细胞有一定的作用

山楂果可生吃或作果脯果糕，干制后可入药。山楂内的黄酮类化合物牡荆素，是一种抗癌作用较强的药物，其提取物对抑制体内癌细胞生长、增殖和浸润转移均有一定的作用。

黄酮类：黄酮类化合物中具有药用价值的化合物很多，能降低血管的脆性，降低血脂和胆固醇，可用于防治老年高血压和脑溢血。

营养与功效

❶ 山楂具有防治心血管疾病、降低血压和胆固醇、软化血管及利尿和镇静的作用。

❷ 山楂开胃消食，特别对消肉食积滞作用更好，很多助消化的药中都采用了山楂。

❸ 山楂有活血化瘀的功效，有助于解除局部瘀血状态，对跌打损伤有辅助疗效。

❹ 山楂中含有平喘化痰、抑制细菌、治疗腹痛腹泻的成分。

❺ 山楂对子宫有收缩作用，在孕妇临产时有催生之效，并能促进产后子宫复原。

❻ 山楂所含的黄酮类和维生素C、胡萝卜素等物质能阻断并减少自由基的生成，能增强机体的免疫力，有防衰老、抗癌的作用。

营养分析含量表

（每100克含量）

水分	73.1克
蛋白质	0.7克
脂肪	0.2克
灰分	0.8克
碳水化合物	22克
膳食纤维	3.1克
胡萝卜素	0.1克
钙	0.052克
磷	0.024克

食用宜忌

山楂味酸，加热后会变得更酸，食用后应立即刷牙，否则不利于牙齿健康。孕妇忌食山楂，以免诱发流产；脾胃虚弱、血糖过低者以及儿童勿食山楂。山楂不能空腹吃。医生建议，山楂最好煮熟后再吃。

选购妙招

山楂扁圆的偏酸，近似正圆则偏甜。山楂表皮上多有点，果点密而粗糙的酸，小而光滑的甜。果肉呈白色、黄色或红色且软的即甜，若呈绿色且硬而质密的则酸。

储存方法

山楂可放在陶制容器中或用保鲜袋包好放进冰箱。

山楂麦芽消食汤

原料：

瘦肉 150 克，麦芽 15 克，蜜枣 10 克，陈皮 1 片，山楂 15 克，淮山 1 片，姜片少许，盐 2 克

做法：

❶ 锅中注入清水烧开，倒入瘦肉，汆煮片刻，捞出沥干水分。

❷ 砂锅中注入清水，倒入瘦肉、姜片、陈皮、蜜枣、麦芽、淮山、山楂。

❸ 大火煮开转小火煮 3 小时，加盐即可盛出锅。

< 水果搭配营养升级推荐 >

❶ 山楂 + 红糖

红糖中的叶酸、微量物质等可加速血液循环、增加血容量，刺激机体的造血功能，扩充血容量。

❷ 山楂 + 石榴

石榴有助消化、抗胃溃疡、降血脂和血糖等多种功效。

❸ 山楂 + 白菊

白菊有止痢、消炎、明目、降压、降脂、强身的作用。

红色水果

圣女果

学名：LycopersivonesculentumMil.
分类：茄科番茄属
原产地：南美洲

营养分析含量表

（每 100 克含量）

热量	22 千卡
碳水化合物	5.80 克
脂肪	0.2 克
蛋白质	1 克
膳食纤维	1.8 克

可治口渴、食欲不振

多吃圣女果可以生津止渴、健胃消食、清热解毒、凉血平肝、补血养血、增进食欲。味清甜，无核，口感好，营养价值高且风味独特，食用与观赏两全其美，深受广大消费者青睐。

番茄红素： 番茄红素具有预防骨质疏松、降血压、改善男女生育功能、减轻运动引起的哮喘等多种生理功能，可保护人体不受香烟和汽车废气中致癌毒素的侵害，并可提高人体的防晒功能。

营养与功效

❶ 圣女果含有大量的番茄红素，番茄红素是迄今为止所发现的抗氧化能力最强的天然物质。

❷ 圣女果具有极强的清除自由基的能力，对防治前列腺癌、肺癌、乳腺癌、子宫癌等有显著效果，还有预防心脑血管疾病、提高免疫力、延缓衰老等功效，有“植物黄金”之称，被誉为“21世纪保健品的新宠”。

食用宜忌

一般人群均可食用，尤其适宜婴幼儿、孕妇、老人、病人及高血压、肾脏病、心脏病、肝炎、眼底疾病等患者食用。经常发生牙龈出血或皮下出血的患者，吃圣女果有助于改善症状。

不要吃没有熟透的圣女果，以免造成中毒；空腹的时候食用圣女果可能会造成胃痛。孕妇在拉肚子的时候忌吃圣女果。急性肠炎、菌痢及溃疡活动期的病人不宜食用。

选购妙招

要挑选新鲜可口的圣女果，可以从它的外形、颜色等方面来看：

❶ 观外形：选择表皮比较光滑的，看起来没有小疙瘩、小斑点之类的会很好吃，也会很新鲜。果实大而且根蒂新鲜，果子就是新鲜的。

❷ 看颜色：如果颜色是红而且发亮，感觉很透亮的就是好的；如果是红得发黑，则是存放很久了的。

❸ 摸软硬：一般来说圣女果硬点是没有关系的。如果摸起来很软，就像是要破了似的，就说明已经放很久了，买来很容易坏掉。

储存方法

将圣女果放进保鲜袋里，密封放进冰箱中，细菌不容易进入，可保存 2~3 天。

芝士焗烤圣女果

原料：

圣女果 70 克，玉米粒 40 克，豌豆 15 克，胡萝卜碎 15 克，芝士粉 15 克，锡纸 1 张

做法：

❶ 洗净圣女果，去蒂，切平，切除四分之一，掏去中间果肉。

❷ 豌豆、胡萝卜、玉米依次放入圣女果中。

❸ 将材料放入铺好锡纸的烤盘中，撒上芝士粉，放入烤箱，上下管温度设置 100℃，烤 5 分钟，即可盛出装盘。

< 水果搭配营养升级推荐 >

❶ 圣女果 + 猪肝

猪肝有治夜盲、视力不佳的功效。

❷ 圣女果 + 玫瑰茄

玫瑰茄可清新凉血、祛斑美白，常食能令皮肤水润细致。

❸ 圣女果 + 柠檬

柠檬是高度碱性食品，具有很强的抗氧化作用，对促进肌肤延缓衰老及抑制色素沉着等十分有效。

红色水果

覆盆子

学名：Rubus idaeus L.
分类：蔷薇科悬钩子属
原产地：中国江苏、浙江、安徽、福建、江西、广西

具有益肾固精缩尿、养肝明目之功效

覆盆子果实味道酸甜，植株的枝干上长有倒钩刺。覆盆子植物可入药，有多种药物价值，其果实有补肾壮阳的作用。覆盆子油属于不饱和脂肪酸，可促进前列腺分泌荷尔蒙。

水杨酸：水杨酸是一种脂溶性的有机酸，是阿司匹林以及很多止痛药里的成分，临床试验上用来降低糖尿病患者长期并发心脏病的风险。

营养与功效

❶ 覆盆子能有效缓解心绞痛等心血管疾病，但有时会造成轻微的腹泻。覆盆子果实酸甜可口，有“黄金水果”的美誉。

❷ 覆盆子含有丰富的水杨酸、酚酸等物质。水杨酸被称为“天然阿斯匹林”，广泛用于镇痛解热、抗血凝，能有效预防血栓。

❸ 长期食用覆盆子，能有效地保护心脏，预防高血压、血管壁粥样硬化、心脑血管脆化破裂等心脑血管疾病。

营养分析含量表

（每 100 克含量）

热量	52.03 千卡
碳水化合物	11.95 克
脂肪	0.65 克
蛋白质	1.22 克
膳食纤维	6.50 克

食用宜忌

一般人群均可食用，适宜肝亏虚者、阳痿者、遗精者、不孕不育者、小便频繁者、视物不清者。肾虚有火、小便短涩的人慎服覆盆子。肾热阴虚、血燥血少的人禁止服用。

选购妙招

要选择珠粒饱满、无破损的覆盆子。

储存方法

覆盆子不宜保存，买回后要尽快食用。吃不完的时候，可放入冰箱的保鲜层。

覆盆子乌鸡汤

原料：

乌鸡 400 克，竹笋片 80 克，覆盆子 8 克，姜片、葱段各少许，料酒 7 毫升，盐 2 克，鸡粉 2 克

做法：

❶ 竹笋片、乌鸡肉焯水，捞出备用。

❷ 砂锅注水烧开，倒入姜片、葱段、覆盆子，放入余煮好的乌鸡肉、笋片，淋入少许料酒。

❸ 烧开后用小火煮约 90 分钟至食材熟软。

❹ 加入少许盐、鸡粉，搅匀。

❺ 关火后将炖煮好的汤料盛出，装入碗中即可。

< 水果搭配营养升级推荐 >

❶ 覆盆子 + 桂圆

适用于脾胃虚弱、食欲不振，或气血不足、体虚乏力。

❷ 覆盆子 + 芡实

芡实可治心脾血虚、失眠健忘、惊悸不安。

❸ 覆盆子 + 鸡肫

鸡肫味甘性平，入脾、胃、膀胱经，具有健胃消食、化积排石、固摄缩尿等作用。

红色水果

蔓越莓

学名：Oxycoccos

分类：杜鹃花科越橘属

原产地：美国

营养分析含量表

（每 100 克含量）

热量	45 千卡
蛋白质	0.3 克
脂肪	0.5 克
碳水化合物	60 克
钠	0.016 克

能帮助排出体内毒素及多余脂肪

根据研究显示，蔓越莓的功效来自于一种独特的苯基过氧化物，可唤醒免疫系统的力量，对入侵的有害菌起到抑制的作用。另外，蔓越莓亦含有超级热门的抗氧化物质，可避免细胞受破坏，并维持细胞的健康与活力。

原青花素：是一种有着特殊分子结构的生物类黄酮，是目前国际上公认的清除人体内自由基最有效的天然抗氧化剂。原花青素可以抑制组胺产生，因而可减轻炎症，帮助动脉抗拒那些引发心血管病的诱变因素的冲击。

营养与功效

❶ 蔓越莓是一种稀有的红色莓果，含有丰富的维生素 A、维生素 C，能去除自由基，风味十分独特，具有很高的健康价值。

❷ 蔓越莓成分中有一种原青花素，能有效防止大肠杆菌黏着在泌尿道内，可预防尿道炎和膀胱感染的泌尿性疾病。但要注意，它的作用在于预防，若已感染尿道疾病者，仍应尽快找专业医师治疗。

❸ 蔓越莓是天然的抗生素水果，能有效抵制抗生素的副作用，是常见水果中防老化、抗氧化、抗癌的最佳水果之一。

食用宜忌

长时间身体虚弱的人不适合吃蔓越莓。气郁体质、阳虚体质、瘀血体质、脾胃久虚者少食。

选购妙招

挑选色泽明亮、饱满结实的，避免挑到太软或表皮软皱的蔓越莓。

储存方法

将蔓越莓置于袋中，可在冰箱中冷藏保存 2~3 周。在不开封的情况下，则可在冷冻中储存约 9 个月之久。

罗兰酥

原料：

黄奶油 125 克，细砂糖 75 克，低筋面粉 100 克，蛋黄 2 个，高筋面粉 100 克，蔓越莓果酱适量

做法：

❶ 高筋面粉、低筋面粉中加糖、蛋黄、黄奶油，揉搓成面团。把面团压扁，制成 6 个环状面皮。

❷ 再分别在圆形面皮上刷蛋黄，把蔓越莓果酱装入面皮内，以上下火 190℃烤 15 分钟即可。

< 水果搭配营养升级推荐 >

❶ 蔓越莓 + 燕麦

经常食用燕麦对糖尿病患者有非常好的降糖、减肥的功效。

❷ 蔓越莓 + 核桃

核桃具有多种不饱和与单一非饱和脂肪酸，能降低胆固醇含量。

❸ 蔓越莓 + 银耳

银耳有清血降脂、缓解压力和抗皱嫩肤的功效。

红色水果

西瓜

学名：Citrullus lanatus (Thunb.) Matsum. et Nakai

分类：葫芦科西瓜属

原产地：原种来自非洲

清爽解渴“盛夏之王”

西瓜堪称“盛夏之王”，清爽解渴，味道甘甜多汁，是盛夏佳果。西瓜的果肉味甜，能降温去暑；种子含油，可作消遣食品；果皮药用，有清热、利尿、降血压之效。西瓜含有丰富的钾元素，能够迅速补充在夏季容易随汗水流失的钾，钾也是美丽双腿所必需的元素之一。

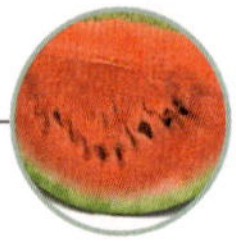

氨基酸：含有氨基和羧基的一类有机化合物的通称，是生物功能大分子蛋白质的基本组成单位，是构成动物营养所需蛋白质的基本物质。

营养分析含量表

（每 100 克含量）

热量	25 千卡
水分	93 克
蛋白质	0.6 克
脂肪	0.1 克
碳水化合物	6.0 克
磷	0.023 克
钾	0.1 克
铁	0.0003 克
钠	0.013 克

营养与功效

❶ 西瓜除不含脂肪和胆固醇外，含有大量葡萄糖、苹果酸、果糖、蛋白氨基酸、番茄素及丰富的维生素 C 等物质，是一种富有营养、纯净、食用安全的食品。

❷ 瓤肉含糖量一般为 5%~12%，包括葡萄糖、果糖和蔗糖。甜度随成熟后期蔗糖的增加而增加。

❸ 西瓜有生津、除烦、止渴、解暑热、清肺胃、利小便、助消化、促代谢的作用，是一种可以滋身补体的食物和饮料，适宜于高血压、肝炎、肾炎、肾盂肾炎、黄疸、胆囊炎、水肿浮肿以及中暑发热、汗多口渴之人食用。

食用宜忌

体质虚寒或胃溃疡患者都要小心食用西瓜。产妇、肾功能不全者、糖尿病患者、口腔溃疡患者都不宜过多食用。

选购妙招

果柄要新鲜，表皮纹路要扩散，才是成熟、甜度高的西瓜，用手拍会有清脆响声。

储存方法

西瓜未切开时，整个放常温下保存即可，已切开的则要放进冰箱冷藏。

牛肉瓜皮炒饭

原料：

熟米饭 170 克，牛肉 90 克，蛋清 35 克，蛋黄 1 个，西瓜皮 65 克，盐、鸡粉各 2 克，胡椒粉 1 克，蚝油 3 克，料酒 5 毫升，水淀粉 4 毫升，食用油适量

做法：

❶ 牛肉切碎，加蛋清、盐、鸡粉、胡椒粉、料酒、水淀粉、食用油，拌匀。西瓜皮切丁。

❷ 用油起锅，倒入牛肉、西瓜皮、蚝油、蛋黄、米饭炒 1 分钟，加盐、鸡粉，炒匀即可。

< 水果搭配营养升级推荐 >

❶ 西瓜 + 葡萄

利水、解暑、清热除烦。

❷ 西瓜 + 红薯

红薯的维生素可刺激肠壁，预防痔疮和大肠癌等疾病。

❸ 西瓜 + 沙丁鱼

沙丁鱼是高血压病人的理想食物。

红色水果

石榴

学名：Punica granatum L.

分类：石榴科石榴属

原产地：伊朗、阿富汗等小亚细亚国家

营养分析含量表

（每 100 克含量）

水分	79.1 克
热量	73 千卡
蛋白质	1.4 克
脂肪	0.2 克
碳水化合物	18.7 克
不溶性纤维	4.8 克
灰分	0.6 克

补充人体能量又不增加身体负担

石榴含有多种人体所需的营养成分，果实中含有维生素 C、B 族维生素及多种矿物质。据分析，石榴果实中维生素 C 的含量比苹果高 1~2 倍，而脂肪、蛋白质的含量较少。

苹果酸：苹果酸可以用于治疗肝病、肝衰竭等多种疾病，并能减轻抗癌药物对正常细胞的毒害作用等。

营养与功效

❶ 石榴的营养特别丰富，含有多种人体所需的营养成分，果实中含有维生素 C、B 族维生素、有机酸、糖类、蛋白质、脂肪，以及钙、磷、钾等矿物质。据分析，石榴果实中含碳水化合物 17%，水分 79%，糖 13%~17%，脂肪、蛋白质的含量较少，果实以品鲜为主。

❷ 以维生素 C 而言，含量比柑橘、香蕉、木瓜、番茄、西瓜、凤梨都高，铁、钙、磷含量也丰富。种子中铁的含量更胜于其他水果。

❸ 石榴果皮中含有苹果酸、鞣质、生物碱等成分。

食用宜忌

石榴与西红柿不可同食，易引起肠胃不适。

石榴不要与海鲜同食，否则会降低海鲜中蛋白质的营养价值，还会刺激胃肠道，引起腹痛、恶心、呕吐等症状。

选购妙招

看光泽亮不亮，如果光亮说明石榴新鲜的；掂重量，如果差不多大的石榴但放在手心感觉重一点的，那就是熟透了，里面水分就会多；看石榴的皮是不是很饱满，就是皮和里面的肉很紧绷的那样。

储存方法

要保证石榴的新鲜度，可将石榴放进塑料袋子里，装袋前先检查袋壁有无破损和漏气；或选干净无油垢的坛、缸、罐等容器，底部铺一层湿沙，厚 5 厘米，中央放一个草制通气筒，将石榴放满容器为度，上面盖一层湿沙，用塑料薄膜封好即可。此法仅作少量贮藏。

推荐食谱

石榴冰淇淋

原料：

牛奶 300 毫升，植物奶油 300 克，糖粉 150 克，蛋黄 2 个，玉米淀粉 15 克，石榴汁 100 毫升

做法：

❶ 锅中加玉米淀粉、牛奶，煮至 30℃关火，倒入糖粉，搅匀制成奶浆。碗中倒蛋黄，打成蛋液，待奶浆温度降至 50℃，倒入蛋液中，搅匀。倒入植物奶油、石榴汁制成浆汁。

❷ 用电动搅拌器打匀，制成冰淇淋浆，倒入保鲜盒，封上保鲜膜，放入冰箱冷冻 5 小时至定形即可。

< 水果搭配营养升级推荐 >

❶ 石榴 + 苹果

苹果在饭前吃能减少进食量，达到减肥的目的。

❷ 石榴 + 菠萝

菠萝可以消除身体的紧张感和增强机体的免疫力。

❸ 石榴 + 柠檬

鲜柠檬的维生素含量极为丰富，是美容的天然佳品，能防止和消除皮肤色素沉着，具有美白作用。

红色水果

无花果

学名：Ficus carica Linn.

分类：桑科榕属

原产地：地中海沿岸

能大量结果的“生命的奇效”

无花果含有丰富的营养成分，可供食用。无花果因含有多种脂类，能帮助人体对食物的消化，故具有润肠通便的效果，在便秘时可用作食物性轻泻剂。无花果还是富硒果树，硒被营养学专家誉为“生命的奇效元素”，有延缓衰老、抵抗疾病的特殊功能。

脂肪酶： 脂肪酶能够逐步将甘油三酯水解成甘油和脂肪酸。在动物体内，各类脂肪酶控制着消化、吸收、脂肪重建和脂蛋白代谢等过程。

营养与功效

❶ 无花果含有苹果酸、柠檬酸、脂肪酶、蛋白酶、水解酶等，能帮助人体对食物进行消化，增进食欲；又因其含有多种脂类，故具有润肠通便的效果。

❷ 无花果所含的脂肪酶、水解酶等有降低血脂和分解血脂的功能，可减少脂肪在血管内的沉积，进而起到降血压、预防冠心病的作用。

食用宜忌

脂肪肝、脑血管意外、腹泻、正常血钾性周期性麻痹等患者不宜食用；大便溏薄者不宜生食。

营养分析含量表

（每 100 克含量）

热量	54 千卡
蛋白质	0.6 克
碳水化合物	14.3 克
灰分	0.4 克
钾	0.17 克
钙	0.026 克
磷	0.014 克

选购妙招

无花果的外表以丰满、无瑕疵的为好，个头要尽量大一些。不要买前面裂嘴特别大的，而应该挑选那些果实上裂纹多一点、前面的口开得小一点的。尽量选择颜色较深的，这样的果子熟得透，口感更甜。如果无花果发出一股酸酸的气味，一般代表已经坏了，不宜购买。

储存方法

用报纸将其包裹好，避免水分散失，可置于冰箱中冷藏 1~2 天。另外，干燥的无花果则应存放于阴凉干燥的地方，避免发霉。

无花果派

原料：

派皮 1 张，牛奶 100 毫升，淡奶油 60 克，奶油奶酪 100 克，鸡蛋 1 个，白砂糖 50 克，低筋面粉 25 克，柠檬汁 5 毫升，白糖 2 克，无花果适量

做法：

❶ 将派皮铺在派皮盘后，将边缘捏成扇形。

❷ 除了白糖、无花果和派皮，其他原料放入搅拌机，搅拌均匀后倒入派皮至九分满。

❸ 无花果切四瓣码在派馅上，将烤箱调到 180℃，烤 35 分钟。取出，撒上白糖用火枪喷出焦糖面。

< 水果搭配营养升级推荐 >

❶ 无花果 + 话梅

补脾益胃、润肺利咽、润肠通便。

❷ 无花果 + 山药

降血脂、防心血管病、健脾益胃、益肺止咳。

❸ 无花果 + 苹果

苹果能润肺养心、开胃生津、和脾利水；无花果能健胃润肠、降血脂、消肿解毒。

西柚

红色水果

学名：Citrus paradisi Macf.

分类：芸香科柑橘属

原产地：南美巴巴多斯岛，美国佛罗里达州

营养分析含量表

（每 100 克含量）

热量	33 千卡
水分	90.9 克
蛋白质	0.7 克
脂肪	0.3 克
碳水化合物	7.8 克
钠	0.007 克
维生素 A	0.0467 克
膳食纤维	0.0012 克

果实内的营养成分，美颜少不了

西柚即“朱栾”，又称“葡萄柚”，是柚子类的水果，果实红色，味道好。西柚中的维生素 C 含量非常丰富，含糖分较少，减肥人士的餐单都少不了它。

果胶：果胶可降低低密度脂蛋白胆固醇的含量，减轻动脉血管壁的损伤，维护血管功能，预防心脏病。

营养与功效

❶ 西柚中的维生素 C 含量极其丰富，能促进抗体生成，增强人体的解毒功能。对于爱美的女孩子来说，西柚中含有的维生素 P 可以增强皮肤弹性、缩小毛孔。

❷ 西柚还含有天然叶酸。叶酸不但对早期妊娠非常重要，在整个怀孕期也同样必不可少。叶酸缺乏不仅会使妊娠高血压、胎盘早剥的发生率增高，更会导致孕妇患上巨幼红细胞贫血，出现胎儿宫内发育迟缓、早产及新生儿低出生体重。因此，西柚是孕期妇女的首选水果。

食用宜忌

高血压患者不宜食用，因为一些常用的降血压药物可能会与西柚汁产生相互作用，引起不良反应。

选购妙招

在挑选西柚的时候可以先轻轻拍打，选择果实坚实、紧致的，这样的果成熟得最好，同时也最新鲜。

选颜色饱满的，其果汁含量丰富，而且新鲜。如果西柚表面已经轻微变色，或表皮有所刮伤，都不会影响其使用价值和口感；但如果表皮看起来已经暗沉，或颜色不够深，这样的西柚就不要购买了。

将西柚拿在手中，感觉很沉且厚实的，就代表其果汁含量丰富。

储存方法

贮存西柚时，可将其装入有洞的网袋中，置于通风处即可。如果要长期贮存，可放进冰箱中冷藏，约可保存 1 个月而不变质。

无花果西柚汁

原料：

西柚 100 克，无花果 40 克，白糖适量

做法：

❶ 洗净的西柚去皮，切成小块。处理好的无花果切块，待用。

❷ 备好榨汁机，倒入西柚块、无花果、白糖， 倒入适量凉开水。

❸ 盖上盖，调转旋钮至 1 档，榨取果汁即可。

< 水果搭配营养升级推荐 >

❶ 西柚 + 苦瓜

苦瓜能泄去心中烦热，排除体内毒素。

❷ 西柚 + 猕猴桃

猕猴桃含有的膳食纤维不仅能够降低胆固醇，而且可以帮助消化，防止便秘，清除体内有害代谢物。

❸ 西柚 + 山药

山药含有大量的黏液蛋白、维生素及微量元素，能有效阻止血脂在血管壁的沉淀。

红色水果

樱桃

学名：Cerasus pseudocerasus

分类：蔷薇科樱属

原产地：中国

含铁量居水果之首的“美容果”

樱桃的含铁量非常丰富，每百克中含铁量达 59 毫克，居于水果首位。常食樱桃可补充体内对铁元素量的需求，既可防治缺铁性贫血，又可增强体质、健脑益智，两全其美。

铁元素：铁是红细胞成熟过程中合成血红蛋白必不可少的原料。铁在代谢过程中可反复被利用。

营养与功效

❶ 促进血液生成。樱桃的含铁量位于水果之首。铁是合成人体血红蛋白、肌红蛋白的原料，在人体免疫、蛋白质合成及能量代谢等过程中发挥着重要的作用，同时也与大脑及神经功能、衰老过程等有着密切关系。常食樱桃可补充体内对铁元素量的需求，促进血红蛋白再生，既可防治缺铁性贫血，又可增强体质、健脑益智。

❷ 麻疹流行时，给小儿饮用樱桃汁能够预防感染。樱桃核则具有发汗透疹解毒的作用。

❸ 樱桃性温热，兼具补中益气之功，能祛风除湿，对风湿腰腿疼痛有良效。樱桃树根还具有很强的驱虫、杀虫作用，可驱杀蛔虫、蛲虫、绦虫等。

营养分析含量表

（每 100 克含量）

热量	66 千卡
蛋白质	1.4 克
脂肪	0.3 克
糖	8 克
碳水化合物	14.4 克
膳食纤维	0.4 克
灰分	0.5 克
铁	0.059 克

食用宜忌

樱桃虽好，但要注意不能多吃。因为樱桃中除了含铁多以外，还含有一定量的氰甙，若食用过多会引起铁中毒或氰化物中毒。一旦多吃发生身体不适或者不舒服，可用甘蔗汁清热解毒，严重者应及时到医院就诊。同时，樱桃性温热，患热性病及虚热咳嗽者要忌食。

选购妙招

表皮无伤痕，蒂梗颜色鲜绿，果实鲜红发亮，要有弹性，不可太软。

储存方法

先用塑胶袋装起来，再放入冷藏室存放。若要长时间保存，可酿制成果酱或樱桃酒。

酥樱桃蛋糕

原料：

黄油 100 克，糖粉 50 克，鸡蛋 1 个，低筋面粉 70 克，泡打粉 2.5 克，樱桃 85 克，黄油 25 克，高筋面粉 25 克

做法：

❶ 糖、黄油、面粉搅成糊状。糖粉、黄油加鸡蛋、盐，拌匀，再倒泡打粉、面粉，搅拌成蛋糕体生坯。

❷ 模具刷黄油，盛入蛋糕体生坯，加樱桃，盖上酥皮馅，铺匀、摊开，至七八分满，即成蛋糕生坯。以上下火均为 170℃的温度烤约 20 分钟即可。

< 水果搭配营养升级推荐 >

❶ 樱桃 + 冰糖

中医认为冰糖具有润肺、止咳、清痰和去火的作用。

❷ 樱桃 + 蜂蜜

蜂蜜是一种营养丰富的食品，蜂蜜中的果糖和葡萄糖易被人体吸收。

❸ 樱桃 + 银耳

银耳可以补虚强身、除痹止痛、美容养颜。

红色水果

醋栗

学名：R. sativum
分类：醋栗科醋栗属
原产地：欧洲

营养分析含量表

（每 100 克含量）

热量	44 千卡
蛋白质	0.6 克
脂肪	0.6 克
碳水化合物	10.2 克
膳食纤维	1.9 克
维生素 C	0.2 克

外可观赏内可食用的低糖水果

醋栗近圆形或椭圆形，光亮而透明，几条纵行维管束清晰可见。维生素 C 的含量仅次于猕猴桃，且含糖量不高。不管是内服还是外用，果实内所含的果胶都对皮肤有保护作用。

黄酮：具有软化血管、降低血脂和血压、补钙和增强人体免疫力、抗癌等作用。

营养与功效

❶ 醋栗果实含有人体所需的 18 种氨基酸，维生素 C、B_1、B_2 以及铁、锡、钾、磷、锌等矿物质，每 100 克鲜果中含有维生素 C 200 毫克，维生素C的含量高出大多数水果几倍甚至上百倍，仅次于猕猴桃。同时生物黄酮的含量很高，具有软化血管、降低血脂和血压、补钙和增强人体免疫力、抗癌等作用。

❷ 醋栗的果肉含有很多絮状物，其主要成分其实就是果胶，对胃黏膜有很好的保护作用。

❸ 醋栗属于低糖水果，含糖量最高不超过 11%，对中老年有糖尿病和三高人群有保健作用。而对于正常人来说，多吃醋栗也不会出现什么胃痛、胃酸、胃寒等不良现象。

❹ 醋栗还有美容功效，不管是吃下去，或者直接涂抹在皮肤上，果胶物质都能起到很好的保护皮肤的作用。

食用宜忌

一般人群都可以食用，但不能食用过量，否则有消化上的问题。

选购妙招

成熟时果皮黄绿色，光亮而透明，几条纵行维管束清晰可见。

储存方法

宜袋装保存，置于阴凉通风干燥处即可。

醋栗马提尼

原料：

琴酒 50 毫升，苦艾酒 10 毫升，醋栗果酱 10 克，醋栗适量

做法：

❶ 把琴酒和苦艾酒混合冰块倒进摇杯中摇晃均匀。

❷ 将调好的酒倒进鸡尾酒杯中，倒入醋栗果酱，拌匀。

❸ 最后用醋栗果实点缀即可。

< 水果搭配营养升级推荐 >

❶ 醋栗 + 蜂蜜

蜂蜜有清热补中、润燥止痛、解毒、美容养颜的功效。

❷ 醋栗 + 猪肉

猪肉适宜阴虚、头晕、贫血、大便秘结、营养不良之人食用。

❸ 醋栗 + 白酒

白酒对瘫痪、风湿、腰痛疼痛有疗效。

红色水果

酸枣

学名：Ziziphus jujuba Mill. var. spinosa (Bunge) Hu ex H.

分类：鼠李科枣属

原产地：中国华北

维生素 C 在人体中的利用率是水果中的佼佼者

酸枣不仅像其他水果一样含有钾、钠、铁、锌、磷、硒等多种微量元素，更重要的是，新鲜的酸枣中含有大量的维生素 C，其含量是红枣的 2~3 倍、柑橘的 20~30 倍，在人体中的利用率可达到 86.3%，是所有水果中的佼佼者。

维生素 C： 维生素 C 是一种抗氧化剂，可保护身体免于自由基的威胁，也是一种辅酶。

营养分析含量表

（每 100 克含量）

热量	300 千卡
蛋白质	3.5 克
脂肪	1.5 克
碳水化合物	62.7 克
维生素 C	0.9 克
钙	0.435 克
钾	0.084 克
磷	0.095 克

营养与功效

❶ 酸枣仁有持续降低血压的作用。

❷ 酸枣具有很好的开胃健脾、生津止渴、消食止滞的功效。酸枣中还含有大量维生素 E，具有防病抗衰老与养颜益寿的作用。常喝酸枣汁则可以益气健脾，能改善面色不荣、皮肤干枯、形体消瘦、面目浮肿等症状。

❸ 可治疗神经衰弱。患有神经衰弱的人可以用酸枣仁 3~6 克，加白糖研和，每晚入睡前温开水调服，具有明显的治疗效果。

食用宜忌

一般人群均可食用，心理疾病患者、身心疾病患者、需要减缓压力和放松的健康人群尤其适合。

酸枣无特殊食用禁忌。

选购妙招

以粒大、有光泽、外皮红棕色、种仁色黄白者为佳。颗粒小、外皮青色等不宜选购。

储存方法

将酸枣封存好后放置在干燥阴凉处进行保存即可。

归脾麦片粥

原料：

燕麦 50 克，红枣 20 克，桂圆肉 20 克，茯苓 8 克，党参 10 克，酸枣仁 6 克，当归 7 克

做法：

❶ 砂锅中注入清水烧开，放酸枣仁、党参、当归，用小火煮约 20 分钟后捞干净。

❷ 倒入红枣、桂圆肉、茯苓，再倒燕麦，搅拌匀，用小火煮约 30 分钟至食材熟透即可。

< 水果搭配营养升级推荐 >

❶ 酸枣 + 枸杞

枸杞有提高机体免疫力的作用，可以补气强精、滋补肝肾、抗衰老、止消渴、暖身体、抗肿瘤。

❷ 酸枣 + 麦冬

麦冬可用于阴虚肺燥、咳嗽痰粘。

❸ 酸枣 + 灵芝

灵芝有护肝、提高免疫功能、抗菌等作用。

红色水果

李子

学名：Prunus salicina Lindl.
分类：蔷薇科李属
原产地：中国中原地

营养分析含量表

（每 100 克含量）

热量	57 千卡
蛋白质	0.5 克
脂肪	0.1 克
碳水化合物	15 克
钠	0.007 克
维生素 A	0.033 克
维生素 C	0.005 克
膳食纤维	1.6 克

促进血红蛋白再生的“五果”之首

李子被列为“五果”之首，果实含有丰富的糖、维生素、果酸、氨基酸等营养成分，具有很高的营养价值，保健功能十分突出，有生津利尿、清肝养肝、解郁毒、清湿热的作用。

氨基酸：氨基酸是构成生物体蛋白质并同生命活动有关的最基本的物质，是在生物体内构成蛋白质分子的基本单位，与生物的生命活动有着密切的关系。它在抗体内具有特殊的生理功能，是生物体内不可缺少的营养成分之一。

营养与功效

❶ 李子含蛋白质、维生素 B_1、维生素 B_2、维生素 C、脂肪、胡萝卜素、烟酸、钙、磷、铁、谷氨酰胺、丝氨酸、丙氨酸等。

❷ 李子能促进胃酸和胃消化酶的分泌，有增加肠胃蠕动的作用，因而食李能促进消化、增加食欲，是胃酸缺乏、食后饱胀、大便秘结者的食疗良品。

❸ 新鲜李肉中含有多种氨基酸，如谷氨酰胺、丝氨酸、甘氨酸、脯氨酸等，生食对治疗肝硬化腹水大有益处。

❹ 李子核仁中含苦杏仁苷和大量的脂肪油，药理证实，它有显著的利水降压作用，并可加快肠道蠕动，促进干燥的大便排出，同时也具有止咳祛痰的作用。

❺ 李子中的维生素 B_{12} 有促进血红蛋白再生的作用，适度食用对贫血者大有益处。

食用宜忌

李子含高量的果酸，过量食用伤脾胃，易引起胃痛，溃疡病及急、慢性胃肠炎患者忌服。多食易生痰湿、伤脾胃，又损齿，故脾虚痰湿及小儿不宜多吃。

选购妙招

依果实的特质及应有的色泽，果粒大而饱满完整。果面附有白色的果粉、肉质软有弹性者为佳。

储存方法

李子可以放进冰箱保存，但要注意成熟度，太生涩的李子放进冰箱里会阻碍催熟，还会造成水果组织破坏，影响口感。

推荐食谱

酸甜李子饮

原料：

李子 120 克，雪梨 80 克，冰糖 30 克

做法：

❶ 李子切取果肉，雪梨切成小块。

❷ 砂锅中注入清水烧开，倒入李子、雪梨，拌匀，烧开后用小火煮约 20 分钟至食材熟透。

❸ 揭开盖，倒入冰糖，搅拌匀，用大火煮至溶化，关火后盛出煮好的李子饮即可。

< 水果搭配营养升级推荐 >

❶ 李子 + 芋头

芋头可帮助机体纠正微量元素缺乏导致的生理异常。

❷ 李子 + 苦瓜

苦瓜含丰富的维生素 B_1、维生素 C 及矿物质，长期食用能保持精力旺盛，对治疗青春痘有很大益处。

❸ 李子 + 黄瓜

黄瓜含有维生素 B_1，对改善大脑和神经系统功能有利。

红色水果

大枣

学名：Ziziphus jujuba Mill.
分类：鼠李科枣属
原产地：中国

补血降压，养颜不显老

颗颗大枣，营养不少。大枣起源于中国，在中国已有八千多年的种植历史，自古以来就被列为“五果”（栗、桃、李、杏、枣）之一。大枣是一种药食兼用的食品，婴幼儿吃枣泥，老弱者吃大枣，比吃其他果品好。

维生素C：维生素C能阻断致癌物亚硝酸胺的形成。专家们的研究表明：将亚硝酸物与胺放在一起，同时加入维生素C，维生素C能阻断亚硝胺的形成。

营养分析含量表

（每100克含量）

热量	46千卡
蛋白质	1.2克
脂肪	0.2克
碳水化合物	11.1克
磷	0.02克
钾	0.2克
铁	0.0002克

营养与功效

❶ 大枣大富含的环磷酸腺苷是人体能量代谢的必需物质，能增强肌力、消除疲劳、扩张血管、增加心肌收缩力、改善心肌营养，对防治心血管疾病有良好的作用。

❷ 大枣含有三萜类化合物及环磷酸腺苷，有较强的抑癌、抗过敏作用。

❸ 经常食用鲜枣的人很少患胆结石，这是因为鲜枣中含有丰富的维生素C，能使体内多余的胆固醇转变为胆汁酸，胆固醇少了，结石形成的概率也就随之减少。

❹ 中医认为，大枣具有补虚益气、养血安神、健脾和胃等功效，是脾胃虚弱、气血不足、倦怠无力、失眠等患者良好的保健营养品。

食用宜忌

大便秘结、内热甚者不宜食用大枣；凡有湿痰、积滞，齿病、虫病者均不宜食用大枣。肝炎患者忌食。一天食用量最好以3~10个为佳，以免过量食用有损消化功能，引起胃酸过多和腹胀。

选购妙招

果粒大、果皮光滑呈淡绿色，具重量感，没有瘀伤和破裂者为佳。

储存方法

可以将鲜枣装进筐子里，放置于阴凉通风处保存。也可以用保鲜袋将鲜枣装起来，放进冰箱冷藏室保存。

推荐食谱

赤豆红枣粥

原料：

水发赤小豆250克，红枣30克

做法：

❶ 砂锅中注入适量清水，倒入赤小豆、红枣，拌匀。

❷ 加盖，大火煮开转小火煮2小时至食材熟透。

❸ 揭盖，稍稍搅拌一下，装入碗中即可。

< 水果搭配营养升级推荐 >

❶ 大枣 + 香菇

香菇有补肝肾、健脾胃、益气血、益智安神之功效。

❷ 大枣 + 上海青

上海青有助于增强机体免疫能力。

❸ 大枣 + 苹果

苹果会增加饱腹感，饭前吃能减少进食量，达到减肥的目的。

红色水果

椰枣

学名：Phoenix dactylifera
分类：棕榈科刺葵属
原产地：中东、北非以及中国的福建等地区

营养分析含量表

（每 100 克含量）

水分	15.3 克
蛋白质	2.50 克
脂肪	0.40 克
碳水化合物	75.8 克
膳食纤维	3.90 克
钙	0.12 克
其他矿物质	1.98 克

供糖尿病患者适量食用的“小零食”

椰枣又名波斯枣、番枣、伊拉克枣，是枣椰树的果实，《本草纲目》称“无漏子”。椰枣营养丰富，富含果糖，因果糖血糖生成指数最低，所以可供糖尿病患者适量食用。

果糖：果糖也是蔗糖分解的产物，在消化过程中，由于酶的催化特性而分解为一个葡萄糖和一个果糖。

营养与功效

❶ 椰枣具有补中益气、止咳润肺、化痰平喘的作用。其所含的膳食纤维非常柔软，不会对敏感的胃肠造成伤害，可治疗胃溃疡。

❷ 椰枣的种籽含有丰富的男性荷尔蒙成分。椰枣的成分组成几乎都是单纯的果糖，非常易于消化，甚至可以是糖尿病患者的代糖。

❸ 脂肪及胆固醇含量极低，其丰富的维生素与矿物质可以增进机能，达到健康的诉求。

食用宜忌

孕妇生吃椰枣时，枣皮容易滞留在肠道中不易排出，因此吃枣时应吐枣皮。生食椰枣时，一定要将它消毒、洗净，否则椰枣表面可能会残留农药，对身体产生不利影响。儿童脾胃功能较弱，椰枣黏腻，不易消化，多食碍胃，易影响儿童食欲和消化功能。并且椰枣的糖分过多，容易引发龋齿。食用椰枣后，不要马上吃高蛋白食品，如海鲜和奶制品。

选购妙招

椰枣最好挑那些软一点的、透明一点的，这样的椰枣是新下来的，吃着好吃，还不硬；时间越长的椰枣越干越硬。

储存方法

椰枣也就是枣椰树的果实，是阿拉伯等中东地区国家平时常吃的食物。椰枣分有干的和湿的两种，干的常温封口储存即可，湿的封口后放在冰箱里。

椰枣夹核

原料：

椰枣干 80 克，核桃 100 克

做法：

❶ 将椰枣干对半剖开（注意不要切断），取出里面的枣核，放在一边待用。

❷ 核桃敲开，取出核桃肉，放在一边待用。

❸ 将核桃分为 4 半，放入烤箱以 150℃烤 5 分钟，取出。把核桃肉加进椰枣中即可。

< 水果搭配营养升级推荐 >

❶ 椰枣 + 蜂蜜

椰枣与蜂蜜混合后，每日服用 3 次可以治疗儿童痢疾。

❷ 椰枣 + 黑木耳

黑木耳具有滋补、润燥、养血益胃、活血止血、润肺、润肠的作用。

❸ 椰枣 + 排骨

排骨有一定的滋养脾胃功效，与椰枣合理搭配，可以保健脾胃功能。

红色水果

沙枣

学名：Elaeagnus angustifolia Linn
分类：胡颓子科胡颓子属
原产地：亚洲西部

可食用还可药用的"飘香沙漠的桂花"

沙枣可以生食或熟食，新疆地区将果实打粉掺在面粉内代主食，亦可酿酒，制醋酱、糕点等食品。沙枣对人类的身心健康具有很多益处，药用价值也是很高的，不仅能治疗烧伤，还能治疗消化不良等疾病，功效非常强大。

蛋白质：组成人体一切细胞、组织的重要成分。机体所有重要的组成部分都需要有蛋白质的参与。蛋白质约占人体全部质量的 18%，最重要的还是其与生命现象有关。

营养分析含量表

（每 100 克含量）

水分	12 克
蛋白质	4.5 克
脂肪	4.2 克
碳水化合物	74.8 克
钙	0.046 克
磷	0.067 克
铁	0.0033 克

营养与功效

❶ 花、果、枝、叶可入药，治烧伤、支气管炎、消化不良、神经衰弱等。

❷ 果实、叶、根可均入药。果汁可作泻药；果实与车前子一同捣碎可治痔疮；根煎汁可洗恶疥疮和马的瘤疥；叶干燥后研碎加水服，对治肺炎、气短有效。

❸ 果实主治头痛、胃病、热性咳嗽、腹泻，可固精；花主治各种脑部病症、胸痛、气促、哮喘、气憋、肺脓疡、痞疾、脾损，可清肝脾、祛风、健胃、壮阳，可用于关节炎和肌无力。（《维医药》）

❹ 干燥成熟果实可治风寒咳嗽、寒湿、白带、痢疾腹泻、月经过多、遗精等。（《藏本草》）

食用宜忌

沙枣性偏温热，不宜过量食用；同时病毒性肝炎、脂肪肝、支气管哮喘、高血压、脑血管、胰腺炎、糖尿病等患者应忌食。

选购妙招

沙枣为浆果，长圆形或长圆状椭圆形，似枣子，长 3.5~6.5 厘米，成熟时深橙黄色，果肉肥厚。

储存方法

置于干燥、阴凉的地方保存。

推荐食谱

芡实核桃沙枣糊

原料：

红枣 15 克，芡实 150 克，沙枣 35 克，核桃 20 克，白糖适量

做法：

❶ 将洗净的红枣和沙枣对半切开，去核。

❷ 取豆浆机，倒入备好的红枣、核桃仁、芡实、沙枣。

❸ 注入适量清水，加入少许白糖，开始打糊。

❹ 待豆浆机运转约 15 分钟，即成。

❺ 将打好的核桃糊倒入碗中即可。

< 水果搭配营养升级推荐 >

❶ 沙枣 + 赤小豆

赤小豆具有良好的润肠通便、健美减肥的作用。

❷ 沙枣 + 燕麦

燕麦的抑制能力是目前化妆品常用的美白剂所需要的。

❸ 沙枣 + 梨

适用于热病伤津烦渴、消渴症、热咳、痰热惊狂、噎膈、口渴失音、眼赤肿痛、消化不良。

红色水果

莲雾

学名：Syzygium samarangense
分类：桃金娘科蒲桃属
原产地：印度、马来西亚

营养分析含量表

（每 100 克含量）

热量	25 千卡
糖分	7.68 克
蛋白质	0.69 克
脂肪	0.3 克
碳水化合物	5.7 克
维生素 C	0.025 克
铁	0.0003 克
钾	0.109 克

消暑解渴清肺火的佳果

莲雾是台湾的著名水果，台湾民间有“吃莲雾清肺火”之说。人们把它视为消暑解渴的佳果，习惯用它煮冰糖治干咳无痰或痰难咳出。它淡淡的甜味中微带点酸，有一股苹果的清香，食后齿颊留芳。

镁元素：是参与生物体正常生命活动及新陈代谢过程必不可少的元素，可以影响钾离子和钙离子的运转，调控信号的传递。

营养与功效

❶ 莲雾含蛋白质、膳食纤维、糖类、B 族维生素、维生素 C、铁、锌等。

❷ 莲雾中含有维生素 C，有助于肝脏解毒，消除体内有害物质，增进身体健康。

❸ 莲雾能清除体内毒素和多余的水分，促进血液和水分新陈代谢，有利尿、消水肿作用。

❹ 莲雾里含有镁和钙，二者共同作用可用来放松肌肉和神经，从而使身心放松，避免紧张不安、焦躁易怒，帮助入睡。

❺ 莲雾中的碳水化合物可以补充大脑消耗的葡萄糖，缓解脑部葡萄糖供养不足而出现的疲惫、易怒、头晕、失眠、夜间出汗、注意力涣散、健忘、极度口渴等症状，起到镇静安神的作用。

食用宜忌

体质偏向于寒性者应尽量少食用莲雾；孕妇、频尿者不宜多食莲雾，因为它有利尿的作用；胃溃疡患者应避免空腹食用莲雾。

选购妙招

莲雾要够熟的才够甜，越成熟的莲雾越甜、越好吃。成熟度体现在它的“脐”上，脐底黑红的甜度高，底部张开越大表示越成熟。以果色深红、表皮洁净、无斑点和粉状物者为宜。粉红色种以果实大、饱满端正、果色暗红者为佳，红得发黑的“黑珍珠”最甜，暗青红色者次之。

储存方法

若莲雾未吃完，可以先用白纸将莲雾包起来，并装入塑料袋里，再放进冰箱冷藏室内冷藏，可以减缓莲雾的水分流失。等到要再食用时再拿出来清洗即可，千万不要清洗后再拿去冷藏。

莲雾豆浆

原料：

莲雾 100 克，豆浆 60 毫升

做法：

❶ 洗净的莲雾切块，待用。

❷ 榨汁机中倒入莲雾块。

❸ 加入豆浆。

❹ 盖上盖，榨约 25 秒成莲雾豆浆。

❺ 揭开盖，将莲雾豆浆倒入杯中即可。

< 水果搭配营养升级推荐 >

❶ 莲雾 + 黄瓜

黄瓜中所含的丙醇二酸可抑制糖类物质转变为脂肪。

❷ 莲雾 + 菠萝

菠萝具有健胃消食、补脾止泻、清胃解渴的功效。

❸ 莲雾 + 莲藕

莲藕能促进蛋白质和脂肪的消化，减轻肠胃负担。

红色水果

拐枣

学名：Hovenia dulcis.

分类：鼠李科枳椇属

原产地：中国西北

形态似万字符“卍”的万寿果树

拐枣果柄含多量葡萄糖和苹果酸钾，经霜后甜，可生食或酿酒，俗称“拐角”。果实形态似万字符“卍”，故称其树为万寿果树。果实熟透可生吃，果肉多浆，无果核，种子裸露在果肉之外，味浆甜而略有甘涩，亦可做汤，汤味独特醇香。

氨基酸：是组成大脑的重要物质，含量高达 90% 以上。现代生物研究发现，人之所以聪明、有智慧，与其硕大的大脑是分不开的。

营养与功效

❶ 据科研部门分析测定，拐枣肉质果梗中含蔗糖 24%、葡萄糖 9.5%、果糖 7.92%，风味颇佳。

❷ 拐枣含有丰富的有机酸、苹果酸钾等无机盐类，多种维生素和 18 种人体必需的氨基酸。

❸ 拐枣是很具有开发价值的野生果类资源。

❹ 拐枣具有医用价值。李时珍《本草纲目》说它“味甘、性平、无毒，止渴除烦，去膈止热，润五脏，利大小便，功同蜂蜜”，是糖尿病患者的理想果品；“其枝、叶止呕逆，解酒毒，辟虫毒”。用拐枣果梗酿制的“拐枣白酒”，性热，有活血、散瘀、祛湿、平喘等功效。

选购妙招

选购十一月后经霜打过的拐枣，果实含糖量更高，吃起来更美味。

储存方法

将拐枣晒一下，然后放置于干燥阴凉处。

营养分析含量表

（每 100 克含量）

蛋白质	0.9 克
脂肪	0.07 克
膳食纤维	5.9 克
碳水化合物	9.2 克
维生素 C	0.016 克
总酸	0.345 克

Chapter 3

绿色水果——稳定情绪

包括橄榄、猕猴桃、牛油果等绿色食物。绿色食物有利于稳定心情、减轻紧张情绪和舒缓压力，含有的膳食纤维能清理肠胃、防止便秘，而其富含的叶黄素能维护视网膜健康。另外，经常吃绿色水果能让身体保持酸碱平衡。如果你视力不好，多食用绿色食物能缓解你的症状。

绿色水果

莱姆

学名：Citrus aurantifolia (Christm.・Swingle

分类：芸香科柑橘属

原产地：西印度群岛

富含钾而几乎不含钠的水果

莱姆是少有的富含钾而几乎不含钠的水果。高血压患者常服用降压药，以排除体内多余的钠，维持身体正常的生化代谢平衡，但同时往往又使体内必需的钾流失，而钾对于维护心脏、血管、肾脏的功能是非常重要的。

维生素 P：能防止维生素 C 被氧化；能防止瘀伤；有助于牙龈出血的治疗；有助于因内耳疾病引起的浮肿或头晕的治疗等。

营养与功效

❶ 莱姆果肉中含有宝贵的天然维生素 P 和丰富的维生素 C 以及可溶性膳食纤维，是含糖分较少的水果。维生素 P 可以增强皮肤及毛孔的功能，有利于皮肤保健和美容。

❷ 维生素 C 可参与人体胶原蛋白合成，促进抗体的生成，以增强机体的解毒和减肥的功能。

❸ 莱姆是少有的富含钾而几乎不含钠的水果，因此是高血压、心脏病及肾脏病患者的最佳食疗水果。

❹ 莱姆含有丰富的果胶成分，可降低低密度脂蛋白胆固醇的含量，减轻动脉血管壁的损伤，维护血管功能，预防心脏病。

营养分析含量表

（每 100 克含量）

热量	35 千卡
脂肪	1.2 克
碳水化合物	6.2 克
膳食纤维	1.3 克
蛋白质	1.1 克

食用宜忌

莱姆不宜多食，容易增加患乳腺癌的风险。莱姆为高钾食物，尿毒症患者不宜多吃。莱姆忌与药物、大闸蟹同食。性寒，易腹痛、贫血或多痰者不宜多食。

选购妙招

以重量相当，果身光泽、皮薄、柔软的莱姆为佳品。

储存方法

莱姆如果常温保存，2~3 天就会因水分流失而变软化，宜放进冰箱冷藏，避免直接接触空气导致流失水分，这样可延长保鲜期。

特调苏打

原料：

莱姆 1 颗，苏打水适量，柠檬汁 5 毫升，覆盆子 3 颗，盐少许

做法：

❶ 莱姆洗净切片。

❷ 杯中放入莱姆片、柠檬汁。

❸ 搅拌后倒入苏打水。

❹ 放少许盐搅匀后，加入覆盆子即可。

< 水果搭配营养升级推荐 >

❶ 莱姆 + 鸡肉

莱姆能促进食欲，和鸡肉的搭配可开胃生津。

❷ 莱姆 + 蜂蜜

蜂蜜对某些慢性病有一定的疗效。

❸ 莱姆 + 鹅肉

鹅肉性平味甘，具有暖胃生津、补虚益气的作用。和莱姆搭配一起吃可以解油腻、利肠胃。

绿色水果

牛油果

学名：Butyrospermum parkii Kotschy

分类：山榄科牛油果属

原产地：墨西哥和中美洲

营养分析含量表

（每 100 克含量）

热量	58 千卡
蛋白质	1.1 克
脂肪	0.7 克
碳水化合物	13.5 克
维生素 A	0.064 克
膳食纤维	2.5 克

爱美人士与塑身达人的“森林奶油”

牛油果的果实是一种营养与功效很高的水果，含多种维生素、丰富的脂肪酸和蛋白质和高含量的钠、钾、镁、钙等，可与奶油媲美，甚至有“森林奶油”的美称，一般作为生果食用，也可被制作为菜肴和罐头。

膳食纤维：在消化系统中有吸收水分的作用；可增加胃内的食物体积，从而增加饱足感；又能促进肠胃蠕动，缓解便秘。

营养与功效

❶ 牛油果含蛋白质、碳水化合物、膳食纤维、脂肪、维生素 A、维生素 C、胡萝卜素、硫胺素、钾、钠、镁、钙、磷等。

❷ 牛油果的膳食纤维含量很高，能帮助保持消化系统功能正常，预防便秘。

❸ 牛油果是叶酸的良好来源，这种重要的维生素能预防胎儿出现先天性神经管缺陷，减少成年人患癌症和心脏病的概率。

❹ 牛油果中的镁有助于缓和经前综合征、偏头痛、焦虑等。

❺ 油酸是牛油果所含的一种单元不饱和脂肪，可代替膳食中的饱和脂肪，降低胆固醇水平。

食用宜忌

牛油果一定要新鲜开新鲜吃，不能久放，不然很快就会氧化变黄，即使加了柠檬汁也没什么用。牛油果的营养价值虽然高，但也不可无节制地吃，一天最多吃一个就可以了。

选购妙招

买牛油果时，要选择表面光亮且平滑的。绿色的牛油果，表面深棕色的斑点越多，说明越成熟。如果果皮基本被深深浅浅的棕色斑点覆盖，说明有可能熟过头而变质。如果牛油果闻起来已经有果味溢出，有可能里面已经变质了。用手掌按捏表面，感觉有弹性，果肉结实，则证明已经成熟了。用手按上去已经感觉很软、没有弹性，说明熟过头了。

储存方法

牛油果一时吃不完，可将其置于通风阴凉处，可以放置很长时间；或将牛油果装进保鲜袋里，放在冰箱的冷藏区里，可保存 1 周左右。

牛油果沙拉

原料：

牛油果 300 克，西红柿、柠檬各 60 克，青椒、红椒、洋葱各 40 克，蒜末、黑胡椒、橄榄油、盐各适量

做法：

❶ 洗净的青红椒、西红柿切丁，洋葱切块。
❷ 牛油果对半剖开，果肉切碎，留壳备用。
❸ 碗中拌入洋葱、牛油果、西红柿、青椒、红椒、蒜末。
❹ 加入盐、黑胡椒、橄榄油，搅拌均匀。
❺ 装入牛油果盅中，挤上柠檬汁即可。

< 水果搭配营养升级推荐 >

❶ 牛油果 + 芋头

芋头为碱性食品，有美容养颜、乌黑头发的效果。

❷ 牛油果 + 莲藕

莲藕可以预防贫血，协助肝脏的运动。

❸ 牛油果 + 猪肝

猪肝中铁质丰富，是最常用的补血食物，食用猪肝可调节和改善贫血病人造血系统的生理功能。

绿色水果

槟榔

学名：Areca catechu L.
分类：棕榈科槟榔属
原产地：马来西亚

食药兼备的植物之一

槟榔原是重要的药用植物，在南方一些少数民族还将果实作为一种咀嚼品。它是中国四大南药之一（其他三种为益智仁、砂仁、巴戟天），含有人体所需的多种营养元素和有益物质，具有消积、化痰、疗疟、杀虫等功效，是历代医家治病的药果。

膳食纤维：是植物细胞壁的主要组成成分。吃些含膳食纤维的食物可以促进肠胃运动，在一定程度上帮助肠胃消化。

营养与功效

❶ 槟榔能解乙醇毒性，并能解酒后迅速排泄。

❷ 有助于胃酸的分泌和食物的消化，宜于治疗饮食积滞证，可降胃气、调脾胃。

❸ 抗真菌、病毒作用：槟榔煎剂和水浸剂对甲型流感病毒有一定的抑制作用。

❹ 槟榔能预防癌症，降低癌变的发生率；延缓和抑制癌细胞生长、扩散；使癌细胞退化、萎缩。

❺ 适用于脾气虚弱、运化无力所致的脘腹胀满、食欲不振、肢倦乏力等症。

❻ 槟榔含有的维生素 A 对眼睛的发育有十分重要的作用，可以合成视网膜视杆细胞感光物质，提高眼睛的抗病能力和预防夜盲。

营养分析含量表

（每 100 克含量）

热量	49 千卡
酚类	31.1 克
多糖	18.7 克
脂肪	14 克
膳食纤维	10.8 克
水分	9.9 克
灰分	3 克
生物碱	0.5 克

食用宜忌

槟榔果可以食用，沾卤水咀嚼，初次咀嚼者会面红、胸闷，属于正常现象。槟榔久服则损真气，多服则泻至高之气，故不宜多服。

选购妙招

干燥种子呈圆锥形或扁圆球形，高 1.5~3 厘米，基部直径 2~3 厘米，表面淡黄棕色或黄棕色，粗糙，有颜色较浅的网形凹纹，并偶有银色斑片状的内果皮附着。

储存方法

如果买来的槟榔当天没有吃完，可放到冰箱保鲜。若是炮制过的槟榔应贮存在密封、干燥的容器内，放置于通风干燥处。

大黄槟榔茶

原料：

大黄粉 12 克，槟榔 7 克，白糖少许

做法：

❶ 取一个干净的茶杯，倒入备好的槟榔、大黄粉。

❷ 注入适量开水，至八九分满。

❸ 盖上杯盖，泡约 6 分钟至散出药香味。

❹ 揭盖，撒上适量白糖，快速拌匀即可。

< 水果搭配营养升级推荐 >

❶ 槟榔 + 白糖

可用于治疗中虚脘痛、脾虚泄泻、肺燥咳嗽、口干燥渴以及脚气、疥疮、盐卤中毒、阴囊湿疹等病症。

❷ 槟榔 + 川楝子

川楝子具有疏肝泄热、行气止痛、杀虫的功效。

❸ 槟榔 + 南瓜子

能驱钩虫及蛔虫。

绿色水果

罗汉果

学名：*Siraitia grosvenorii*

分类：葫芦科罗汉果属

原产地：广西

营养分析含量表

（每 100 克含量）

热量	169 千卡
脂肪	0.8 克
钠	0.01 克
钾	0.13 克
磷	0.18 克
碳水化合物	27 克
膳食纤维	38.6 克
蛋白质	13.4 克

有丰富营养成分的良药佳果

被人们誉为“神仙果”的罗汉果，是桂林名贵的土特产，也是国家首批批准的药食两用材料之一，其主要功效是止咳化痰。罗汉果含有一种比蔗糖甜 300 倍的甜味素，但又不产生热量，所以也是爱美之人解馋的必选水果之一。

碳水化合物：是构成机体组织的重要物质，并参与细胞的组成和多种活动；此外还有节约蛋白质、解毒和增强肠道功能的作用。

营养与功效

❶ 罗汉果味甘性凉，归肺、大肠经，有润肺止咳、生津止渴的功效，适用于肺热或肺燥咳嗽、百日咳及暑热伤津口渴等，此外还有润肠通便的功效。

❷ 罗汉果有清热润肺的功效，但中医文献中未记载罗汉果有养阴之功效。

❸ 罗汉果含一种比蔗糖甜 300 倍的甜味素，但它不产生热量，所以是糖尿病、肥胖等不宜吃糖者的理想替代品；含丰富的维生素 C，有抗衰老、抗癌及益肤美容的作用；有降血脂及减肥作用，可辅助治疗高脂血症，改善肥胖者的形象，是爱美女性的必选水果。

❹ 罗汉果果实的营养与功效很高，含丰富的维生素 C（每 100 克鲜果中含 0.4~0.5 克）以及糖甙、果糖、葡萄糖、蛋白质、脂类等。

❺ 中医药学认为罗汉果有清热凉血、生津止咳、滑肠排毒、嫩肤益颜、润肺化痰等功效，可用于益寿延年、驻颜悦色及治疗痰热咳嗽、咽喉肿痛、大便秘结、消渴烦躁诸症。

食用宜忌

罗汉果不能长期代茶。如果是烘干的饮多了会上火，风热咳嗽最好少饮或配其他清热清凉材料饮用。梦遗、夜尿者忌。短期内饮用无妨，长期饮用会导致胃肠功能的下降。

选购妙招

形状，是好看饱满的椭圆形；表面颜色，是很均匀的浅黄到深褐，表面没有黑斑；手感，把罗汉果掂在手中，觉得很轻巧，表面绒毛很明显；气味，是一种很好味的药香，没有让人不适的味道。

储存方法

新鲜罗汉果切开后尽可能在 24 小时内食用完。

鸡骨草雪梨瘦肉汤

原料：

瘦肉 300 克，胡萝卜 200 克，罗汉果 30 克，雪梨 100 克，马蹄肉 60 克，鸡骨草 25 克，盐 2 克

做法：

❶ 瘦肉汆煮后过冷水，待用。
❷ 锅中烧水，倒入切好的胡萝卜、马蹄肉、雪梨。
❸ 放入汆过水的瘦肉，倒入鸡骨草、罗汉果。
❹ 大火煮 15 分钟，转小火炖约 1 小时。
❺ 放入盐，拌匀调味，关火盛出即可。

<水果搭配营养升级推荐>

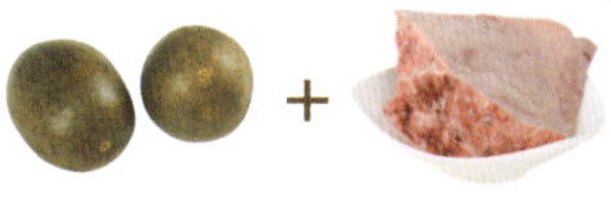

❶ 罗汉果 + 猪肺

适用于肺虚咳嗽、久咳、咳血，可清热化痰、清肺止咳。

❷ 罗汉果 + 雪梨

对急性气管炎和上呼吸道感染的患者出现的咽喉干、痒、痛及音哑、痰稠、便秘、尿赤均有良效。

❸ 罗汉果 + 柿子

可清热润肺、化痰止咳。

绿色水果

橄榄

学名：Canarium album (Lour.) Raeusch.
分类：橄榄
原产地：中国南方

有润喉之功的"肺胃之果"

橄榄的营养丰富，其中的维生素 C 含量更是苹果的 10 倍，尤其适宜女性和儿童。橄榄能有效缓解喉咙的不适问题，除烦醒酒，化刺除鲠。冬春季节每日嚼食 2~3 枚鲜橄榄，可防止上呼吸道感染。

膳食纤维：有吸附大量水分、增加粪便量、促进肠蠕动、加快粪便的排泄、对肠道的不良刺激减少的作用，从而可以预防肠癌的发生。

营养分析含量表

（每 100 克含量）

热量	49 千卡
碳水化合物	15.1 克
脂肪	0.2 克
蛋白质	0.8 克
膳食纤维	4 克
维生素 A	0.02 克
胡萝卜素	0.13 克
钾	0.02 克

营养与功效

❶ 橄榄果肉内含蛋白质、碳水化合物、脂肪、维生素 C 及钙、磷、铁等矿物质，还含有挥发油、香树脂醇、鞣酸等物质。

❷ 橄榄果肉含有丰富的营养成分，鲜食有益人体健康，特别是含钙较多，对儿童骨骼发育有帮助。其中维生素 C 的含量是苹果的 10 倍，梨、桃的 5 倍；含钙量也很高，且易被人体吸收。

❸ 新鲜橄榄可解煤气中毒、酒精中毒和鱼蟹之毒，食之能清热解毒、化痰、消积。

❹ 我国北方地区隆冬腊月气候异常干燥，常食点橄榄有润喉之功。

❺ 中医素来称橄榄为"肺胃之果"，对于肺热咳嗽、咯血的治疗颇有益。

食用宜忌

橄榄不能与烟酒同食，也不能与辛辣刺激的食物同食。吃中药的时候也不能吃橄榄，因为青橄榄会直接降低药效。怀孕期间的孕妇也不能大量食用橄榄。

选购妙招

挑选果形端正匀称、色泽亮丽、饱满多汁、成熟度适中的。还可仔细观察果蒂，果蒂较新的比较新鲜。

储存方法

可将橄榄抹干，在橄榄上下各铺一层纸巾，置于阴凉通风处即可；或将橄榄放在装入少量大米的瓶子、罐子里即可。保存时不要洗，等吃的时候再洗。

油浸橄榄

原料：

橄榄 1000 克，盐 200 克，水 800 毫升

做法：

❶ 将新鲜的橄榄用清水洗净，倒入淡盐水，完全没过橄榄，浸泡 10 分钟。

❷ 捞出晾干表面水分。

❸ 盐和水按 1 ： 4 的比例备好，煮开后晾凉。

❹ 把橄榄放入已消毒的容器中，倒入晾凉的盐水，盐水要没过橄榄，加盖密封，腌渍 1 周即可食用。

< 水果搭配营养升级推荐 >

❶ 橄榄 + 白萝卜

主治食积胀满、吐血、衄血、消渴、痢疾、偏头痛等。

❷ 橄榄 + 郁金

郁金可活血止痛、行气解郁、清心凉血、利胆退黄。

❸ 橄榄 + 猪肉

主治热病伤津、消渴羸瘦、肾虚体弱、产后血虚、燥咳、便秘，可补虚、润燥、滋肝阴、润肌肤、利小便。

绿色水果

梅子

学名：Prunus

分类：蔷薇科杏属

原产地：中国

营养分析含量表

（每 100 克含量）

热量	33 千卡
蛋白质	0.9 克
脂肪	0.9 克
碳水化合物	5.2 克
钾	0.24 克
磷	0.03 克
膳食纤维	1.0 克

“天然绿色保健食品”

梅子含有多种有机酸、维生素、黄酮和碱性矿物质等保健成分，其中的苏氨酸等 8 种氨基酸和黄酮等极有利于人体蛋白质构成与代谢功能的正常进行，可防止心血管等疾病的产生。

氨基酸：生物功能大分子蛋白质的基本组成单位，是构成动物营养所需蛋白质的基本物质。氨基酸和抗氧化成分能减少环境自由基的侵袭，有强肝解毒、增加体力的功效。

营养与功效

❶ 梅子含蛋白质、碳水化合物、膳食纤维、胡萝卜素、硫胺素、钙、铁、镁、磷、脂肪、核黄素、烟酸、柠檬酸等营养成分。

❷ 乌梅能够使胆囊收缩，促进胆汁分泌和排泄，为治疗胆道蛔虫症之良药。

❸ 梅子果肉含有较多的钾，用乌梅制作的酸梅汤可防止汗出太多引起的低钾现象，如倦怠、乏力、嗜睡等，是清凉解暑生津的良品。

❹ 中医认为，梅子具有敛肺止咳、涩肠止泻、除烦静心、生津止渴、杀虫安蛔、止痛止血的作用，可用于久咳、虚热烦渴、久疟、久泻、尿血、血崩、蛔厥腹痛、呕吐等病症的食疗。

食用宜忌

多吃梅子会伤胃与牙齿；胃酸过多或胃溃疡患者不宜食用。

选购妙招

买梅子时，根据梅子的颜色、外观等可以判断出梅子的品质优劣。

选择果形大、果核小、色绿质脆、果形整齐、果实饱满、圆刺、汁多、味甜的梅果品种，一般以果形肥嫩馅满、果面干燥、无水迹现象、果面茸毛已落而且有光泽、种仁虽已形成但未充实的果实为优质新鲜梅子。如肉质酥软者为过熟，肉质过硬者为过生，吃起来酸涩。

储存方法

梅子口感好，但新鲜梅子不宜保存，应尽快食用。梅子经过晒干或腌泡成梅子制品，放在冰箱中，保存时间较长。

推荐食谱

梅子蒸烧鸭

原料：

烧鸭 300 克，梅子 50 克，蒜末 8 克，盐 2 克，鸡粉 2 克，白糖 3 克

做法：

❶ 烧鸭斩成块。

❷ 将斩好的烧鸭块摆在盘中，待用。

❸ 梅子切丁，放入碗中，加蒜末、盐、白糖、鸡粉，搅匀成酱料。

❹ 将酱料均匀地倒在烧鸭块上。

❺ 放入电蒸锅中蒸 15 分钟至其入味即可。

＜水果搭配营养升级推荐＞

❶ 梅子 + 雪梨

雪梨适用于体质偏热所致的头晕头痛、口苦咽干等症。

❷ 梅子 + 鲜百合

鲜百合滋阴降火、润肺清心、化痰止咳，适用于体质偏热所致的头晕头痛、口苦咽干等症。

❸ 梅子 + 猪蹄

适量食用猪蹄可让女性面色红润、肌肤有光泽。

绿色水果

甜瓜

学名：Cucumis melo L.

分类：葫芦科甜瓜属

原产地：非洲热带沙漠地区

高含量维生素 C 是抗氧化的最佳机能

甜瓜的营养成分包括糖类、膳食纤维以及维生素 A、B 群，其中的膳食纤维可以促进肠胃蠕动，有利于排便顺畅；高含量的维生素 C 也是甜瓜抗氧化、抗衰老、抗直肠癌的最佳机能。

氨基酸：是构成蛋白质分子的基本单位，是构成人体内最基本物质之一，是生命代谢的物质基础。

营养与功效

❶ 甜瓜含有蛋白质、碳水化合物、维生素 C、维生素 E、膳食纤维、胡萝卜素、苹果酸、氨基酸、钾、钠、钙、镁、铁等。

❷ 甜瓜中含有维生素 A、维生素 C 及钾，具有很好的利尿及美容皮肤的作用。

❸ 甜瓜的成分中含有的葫芦素，具有抗癌作用，能防止癌细胞扩散。

❹ 甜瓜含大量碳水化合物及柠檬酸等，且水分充沛，可消暑清热、生津解渴、除烦。

❺ 甜瓜中的转化酶可将不溶性蛋白质转变成可溶性蛋白质，帮助肾脏病人吸收营养。

❻ 甜瓜蒂中的 B 族维生素能保护肝脏，减轻慢性肝损伤。

营养分析含量表

（每 100 克含量）

热量	30 千卡
蛋白质	0.6 克
脂肪	0.2 克
碳水化合物	5.8 克
维生素 A	0.02 克
膳食纤维	0.6 克
维生素 C	0.015 克
钾	0.139 克

食用宜忌

甜瓜的相克食物：螃蟹、河蟹、海螺、田螺。

储存方法

较为成熟的甜瓜，买回家后可直接放进冰箱冷藏，未成熟的可放在室温下催熟。因为甜瓜的头部和底部都比较薄，压久了容易坏，所以放置时应将甜瓜侧放。

甜瓜贮藏的适宜温度，早、中熟品种为 3~5℃，晚熟大果型品种 2~3℃，空气相对湿度为 85%，用冷库贮藏或用半地下式窖藏。

甜瓜火龙果沙拉

原料： 甜瓜 380 克，火龙果 300 克，西瓜 300 克，哈密瓜 220 克，红提子 100 克，草莓 60 克，蓝莓、猕猴桃各 20 克

酸奶沙拉酱用料： 酸奶 3 大勺，蜂蜜 1 大勺，柠檬汁 2 大勺，猕猴桃碎 60 克

做法：

❶ 将所有的食材洗净切好。

❷ 往猕猴桃碎中倒入酸奶，倒入柠檬汁、蜂蜜，拌匀，制成猕猴桃酸奶沙拉酱，倒入罐中。

❸ 再依次铺上所有的食材即可。

< 水果搭配营养升级推荐 >

❶ 甜瓜 + 西柚

西柚中含的维生素 P 有利于皮肤保健和美容。

❷ 甜瓜 + 红茶

可清除体内有害物质，达到消除疲劳的效果。

❸ 甜瓜 + 百香果

百香果中的膳食纤维能够促进排泄，可减少结肠癌的患病率，还具有抗肿瘤活性。

绿色水果

猕猴桃

学名：Actinidia chinensis Planch

分类：猕猴桃科猕猴桃属

原产地：中国

营养分析含量表

（每 100 克含量）

热量	56 千卡
钾	0.14 克
胡萝卜素	0.13 克
维生素 C	0.062 克
碳水化合物	14.5 克
膳食纤维	2.6 克
蛋白质	0.8 克
脂肪	0.6 克

一颗就能满足一日所需维生素 C

一颗猕猴桃就能提供一个人一日维生素 C 需求量的 2 倍多。猕猴桃含有丰富的矿物质，包括丰富的钙、磷、铁，还含有胡萝卜素和多种维生素，对保持人体健康具有重要的作用。

钙元素：是骨骼发育的基本原料，对保证正常生长发育的顺利进行具有重要作用。钙还能调节酶的活性作用和激素的分泌。

营养与功效

❶ 猕猴桃含蛋白质、膳食纤维、维生素 B_1、维生素 C、维生素 E、糖类、果胶、胡萝卜素、钙、磷、铁、钠、钾、镁及多种氨基酸等。

❷ 猕猴桃富含维生素 C，可强化免疫系统，美白皮肤。

❸ 富含的肌醇及氨基酸可抑制抑郁症，补充脑力所消耗的营养细胞。

❹ 猕猴桃属于低钠高钾食品，营养成分构成比例比较合理，可补充熬夜加班所失去的体力。

❺ 富含果胶及维生素 E，对心脏健康很有帮助，可降低胆固醇。

❻ 猕猴桃富含膳食纤维，可刺激肠胃蠕动，帮助排便。

食用宜忌

❶ 猕猴桃不宜与牛奶同食。

❷ 猕猴桃不宜多食。

❸ 猕猴桃不宜空腹吃。

❹ 儿童吃猕猴桃易过敏。

选购妙招

选购猕猴桃，一般要选择整体处于坚硬状态的果实。凡是已经整体变软或局部有软点的果实，都尽量不要。凡是有小块碰伤、有软点、有破损的，都不能买。体型饱满、无伤无病的较好，靠近一端的部位透出隐约绿色者最好。

储存方法

不可将猕猴桃放置于通风处，这样容易流失水分，会变得越来越硬。正确的方法是：将软的、硬的分别存放于箱子中，且密封好，防止水分流失。在食用时，先吃放软的猕猴桃。

蓝莓猕猴桃奶昔

原料：

猕猴桃 60 克，蓝莓 40 克，酸奶 250 克，奥利奥饼干碎 20 克

做法：

❶ 洗净的猕猴桃去皮，切小块。

❷ 蓝莓洗净待用。

❸ 将猕猴桃、蓝莓、酸奶倒入榨汁机中搅拌均匀。

❹ 倒入杯中，将奥利奥饼干碎撒在奶昔上即可。

< 水果搭配营养升级推荐 >

❶ 猕猴桃 + 蜂蜜

经常服用蜂蜜能帮助消化。

❷ 猕猴桃 + 生姜

姜中的挥发油可加快血液循环，使全身变得温暖。

❸ 猕猴桃 + 薏米

薏米不仅具有滋补作用，而且还是一种抗癌剂，能抑制艾氏腹水癌细胞，可用于胃癌及子宫颈癌的食疗。

绿色水果

奇异果

学名：Actinidiaceae
分类：猕猴桃科猕猴桃属
原产地：中国

强效补益人体所需的维生素 C 和膳食纤维

奇异果富含的维生素 C 作为一种抗氧化剂，能够有效抑制这种硝化反应，防止癌症发生。果中的果胶能有效改善肠胃蠕动，有助肠胃消化。

维生素 C: 在人体内，维生素 C 是高效抗氧化剂，用来减轻抗坏血酸过氧化物酶基底的氧化应力。还有许多重要的生物合成过程中也需要维生素 C 的参与。

营养与功效

❶ 奇异果可以强效补益人体所需的维生素 C 和膳食纤维，享有“维生素 C 之王”的美称，每天吃奇异果更能即刻补充体中欠缺的钙质，促进体内神经传导作用，提升睡眠品质。

❷ 奇异果中的果胶能降低血中胆固醇，改善肠胃蠕动，加上高营养成分，更能强化心脏机能和稳定血压，可以有效减压、抗压和强化脑力。

❸ 奇异果亦是滋补强壮之品，其中的营养物质可明显提高机体活性，促进新陈代谢，协调肌体机能，阻断致癌物质，增强体质，延缓衰老。

营养分析含量表

（每 100 克含量）

热量	53 千卡
蛋白质	1.2 克
脂肪	0.3 克
碳水化合物	12.8 克
维生素 A	0.016 克
膳食纤维	2 克
维生素 C	0.062 克
钾	0.144 克

食用宜忌

❶ 脾胃虚寒、尿频、风寒感冒、疟疾、寒湿痢、慢性胃炎等患者忌食。

❷ 伴有痛经、闭经症状的妇女忌食。

❸ 吃了奇异果别马上喝牛奶。儿童吃奇异果易过敏，要特别当心。

选购妙招

选购果粒硕大，果型正常，皮上茸毛健康，熟度适中，果肉微软有弹性，无冻伤、压伤、腐烂者为佳。

储存方法

若要现吃则选择果软熟香者，市场买回后可放在塑胶袋内（防压、冻伤）室温保存。

奇异果多多

原料：

奇异果 200 克，柠檬汁 50 毫升，黄苹果 150 克，青瓜 150 克，蜂蜜适量

做法：

❶ 奇异果、青苹果、黄瓜去皮切块。

❷ 取出榨汁机，将所有食材倒入搅拌机中，并加入适量饮用水。

❸ 启动榨汁机，榨好后倒入杯中，再加适量蜂蜜，搅拌均匀后即可饮用。

< 水果搭配营养升级推荐 >

❶ 奇异果 + 苦瓜

苦瓜能滋润白皙皮肤，能镇静和保湿肌肤。

❷ 奇异果 + 洋葱

洋葱有防癌抗衰老的功效。

❸ 奇异果 + 木耳

两种物质均能促进胃肠蠕动，防止便秘，从而起到预防直肠癌及其他消化系统癌症的作用。

绿色水果

火参果

学名：Cucumis Metuliferus
分类：葫芦科黄瓜属
原产地：喀拉哈里沙漠地区（南部非洲沙漠）

营养分析含量表

（每 100 克含量）

热量	25 千卡
碳水化合物	3 克
蛋白质	1 克
膳食纤维	1 克
钾	0.17 克
镁	0.034 克

已知水果中“排毒、瘦身、美容”的明星

火参果肉质细腻多籽，像黄瓜一样呈凝胶状，口味清甜。在原产地由于其根系能够到达地下含水层，因此它曾经是当地人重要的维生素和水的来源。火参果种籽覆盖在明胶状物质里，果皮富含维生素 C 和膳食纤维。

维生素 C：是合成胶原蛋白的重要物质，可维持皮肤的弹性，保护大脑；还可维持血管壁的强度，并预防牙龈萎缩、出血等。

营养与功效

❶ 火参果富含维生素 C，长期食用有美容瘦身功效，对于皮肤的美白非常有效。

❷ 食用火参果可以促进消化，增强体质，有效地增强身体的整体素质，提高身体的免疫力。

❸ 火参果具抗菌消炎的作用，还能改善睡眠质量。

❹ 食用火参果可以起到清理肠道的作用，可以治疗便秘，改善因便秘导致的皮肤暗黄等现象。

❺ 火参果所含的维生素可以起到安神补脑、健心活血的作用，很适合年老者，可以起到延长寿命的作用，也极适合脑力工作者食用。

❻ 火参果是较少见的无糖水果，所以很适合老年人以及糖尿病患者食用。

食用宜忌

❶ 火参果不宜与牛奶同食。

❷ 火参果属凉性，有脸色苍白、四肢乏力、经常腹泻等症状的寒性体质者不宜多吃。

❸ 女性在月经期间也不宜食用火参果。

选购妙招

火参果完全成熟后果皮为金黄色，外观像海参，黄的比较酸，青的更可口。

储存方法

火参果不宜久放，应尽快吃完。如果没吃完，可放入冰箱保鲜。若是完整的火参果，可放在通风、阴凉的地方。

双参汁

原料：

人参果 100 克，火参果 120 克

做法：

❶ 洗好的火参果对半切开，切成条，再切丁。

❷ 洗净的人参果切开，去皮，再切成小块，备用。

❸ 取榨汁机，选择搅拌刀座组合，将切好的火参果倒入杯中。

❹ 放入人参果，倒入适量纯净水。

❺ 盖上盖，选择“榨汁”功能，榨取果汁。

❻ 取下盖子，将榨好的果汁倒入杯中即可。

< 水果搭配营养升级推荐 >

❶ 火参果 + 人参果

人参果富含蛋白质、维生素与矿物质，具有保健功效。

❷ 火参果 + 白糖

白糖可用于治疗中虚脘痛、脾虚泄泻及脚气等病症。

❸ 火参果 + 酸橙

酸橙能增强人体免疫力、促进病体恢复、加速伤口愈合，尤其还能补充膳食纤维，有助于排便。

绿色水果

榆钱

学名：Ulmus pumila L.
分类：植物界
原产地：中国东北、华北、西北、华东等地区

吃了榆钱可有“余钱”

榆钱是榆树的种子，因其外形圆薄如钱币，故而得名。又由于它是“余钱”的谐音，因而就有“吃了榆钱可有余钱”的说法。金黄的榆钱成熟时，人们会趁鲜嫩采摘下来，做成各种美味佳肴。榆钱不仅可食用，还可做药用和绿化。

无机盐：在维持生物体和细胞的生命活动中起到重要的作用，可以保持心脏和大脑的活动，帮助抗体的形成，对人体发挥有益的作用。

营养与功效

❶ 榆钱含有大量无机盐，可治食欲不振，可清热除火、化痰止咳、消食、利尿消肿、安神除烦。

❷ 榆钱果实中含有大量水分、烟酸、抗坏血酸及无机盐等，其中钙、磷含量较为丰富，有清热安神之效，可治疗神经衰弱、失眠。

❸ 榆钱果实中的烟酸、种子油有清热解毒、杀虫消肿的作用，同时还可利尿消肿。

❹ 榆钱味辛，入肺经，能清肺热、降肺气。榆钱种子油有润肺止咳化痰之功。

❺ 可治疗胃寒症。适用于脾气虚弱、运化无力所致的脘腹胀满、大便溏泄、肢倦乏力等症。

❻ 有助于胃酸的分泌和食物的消化，宜于治疗饮食积滞证。

营养分析含量表

（每 100 克含量）

热量	45 千卡
碳水化合物	8.5 克
蛋白质	3.8 克
脂肪	1 克
膳食纤维	1.3 克
矿物质	3.5 克
钙	0.28 克
磷	0.1 克

食用宜忌

❶ 榆钱不适宜患有胃溃疡的人食用。

❷ 榆钱不适宜患有十二指肠溃疡的人食用。

❸ 失眠、食欲不振、带下、小便不利、水肿、小儿疳热羸瘦、烫火伤、疮癣等患者食用。

选购妙招

应该选择新鲜的、无虫蛀的，在颜色上应选择自然柔亮的，有清香气味。

储存方法

把米粉撒在榆钱上，用保鲜袋装好封口，放在冷冻箱里即可。

榆钱煎蛋饼

原料：

面粉 170 克，葱花 5 克，榆钱 20 克，鸡蛋 2 个，盐、鸡粉各 3 克，食用油适量

做法：

❶ 在盛有面粉的碗中拌入适量清水、鸡蛋，和成面团，封上保鲜膜，饧 30 分钟。

❷ 在面团上撒适量面粉，用擀面杖将面团擀平。

❸ 倒入食用油、盐、鸡粉，撒入葱花，叠起来擀平。

❹ 热锅注油烧热，将饼放入锅中油炸，炸至两面呈金黄色，盛出即可。

< 水果搭配营养升级推荐 >

❶ 榆钱 + 西红柿

西红柿所含果酸及膳食纤维可防治便秘。

❷ 榆钱 + 黄瓜

黄瓜可清热利水、解毒消肿、生津止渴。

❸ 榆钱 + 猪肉

猪肉性平味甘，有润肠胃、生津液、补肾气、解热毒的功效。

水果黄瓜

学名：Cucumis sativus L.
分类：葫芦科黄瓜属
原产地：印度

抗衰减肥又可口

现代医学研究表明，水果黄瓜中含有的黄瓜酶能有效促进机体的新陈代谢，扩张皮肤的毛细血管，促进血液循环，增强皮肤的氧化还原作用，因此具有美容的效果。同时，水果黄瓜含有丰富的维生素，能够为皮肤提供充足的养分，可以有效对抗皮肤衰老。

葫芦素：葫芦素可阻止肝细胞脂肪变性，抑制肝纤维增生，从而可预防原发性肝癌。葫芦素有葫芦素B和葫芦素C，具有抗肿瘤、增强免疫力、保肝等作用。

营养分析含量表

（每 100 克含量）

热量	15 千卡
蛋白质	0.8 克
脂肪	0.2 克
碳水化合物	2.9 克
膳食纤维	0.5 克
维生素 C	0.009 克

营养与功效

❶ 黄瓜有除湿、延缓衰老、补充水分、清热利尿等功效。

❷ 黄瓜中含有的葫芦素具有提高人体免疫功能的作用，经常食用黄瓜可达到抗肿瘤目的。

❸ 黄瓜中含有丰富的维生素 E，可起到延年益寿、抗衰老的作用。

❹ 黄瓜中所含的丙醇二酸可抑制糖类物质转变为脂肪，有利于减肥强体。

❺ 黄瓜含有维生素 B_1，对改善大脑和神经系统功能有利，能安神定志。

❻ 黄瓜中所含的丙氨酸、精氨酸和谷氨酰胺对肝脏病人有辅助治疗作用，可防治酒精中毒。

食用宜忌

黄瓜性凉，脾胃虚寒、久病体虚者宜少食，否则易致腹痛吐泻。

呼吸系统宿疾者少食黄瓜。有呼吸系统慢性病者，尤其是老年人宜少食，不然易动寒痰，以致肺寒咳嗽。

选购妙招

挑选时，应选择条直、粗细均匀的瓜。

储存方法

黄瓜可用保鲜袋装好，放入冰箱中冷藏，可以储存 1 周左右。

黄瓜粥

原料：

黄瓜 85 克，水发大米 110 克，盐 1 克，芝麻油适量

做法：

❶ 洗净的黄瓜切开，再切成细条状，改切成小丁块。

❷ 砂锅注水烧开，倒入洗净的大米，拌匀。

❸ 煮开后用小火煮 30 分钟。

❹ 倒入切好的黄瓜，拌匀，煮至沸。

❺ 加入少许盐，淋入芝麻油，搅至食材入味即可。

< 水果搭配营养升级推荐 >

❶ 黄瓜 + 纳豆

纳豆可清除体内致癌物质、提高记忆力等。

❷ 黄瓜 + 大蒜

大蒜的有效成分具有明显的降血脂及预防冠心病和动脉硬化的作用，并可防止血栓的形成。

❸ 黄瓜 + 沙丁鱼

沙丁鱼可防止血栓形成，对治疗心脏病有特效。

绿色水果

芦荟

学名：Aloe vera

分类：芦荟科芦荟属

原产地：地中海、非洲

营养分析含量表

（每 100 克含量）

热量	4. 千卡
糖分	9.98 克
蛋白质	0.1 克
脂肪	0.4 克
碳水化合物	0.2 克
膳食纤维	1.4 克

一身百宝，美观可口

芦荟是集食用、药用、美容、观赏于一身的“植物新星”，其泌出物（主要有效成分是芦荟素等蒽醌类物质）已广泛应用到医药和日化中。芦荟在中国民间就被作为美容、护发和治疗皮肤疾病的天然药物。芦荟胶对蚊叮有一定的止痒作用。

铬元素：具有抗糖尿的作用，含铬丰富的食物可增强胰岛素的效应，预防糖尿病的发生。低铬或缺铬还可能引起动脉硬化症。

营养与功效

❶ 芦荟富含烟酸、维生素 B_6 等，有抗炎、修复胃黏膜和止痛的作用，有利于胃炎、胃溃疡的治疗，能促进损面愈合。

❷ 对于烧、烫伤，芦荟也有很好的抗感染、助愈合的功效。

❸ 芦荟本身富含铬元素，能调节体内的血糖代谢，是糖尿病人的理想食物和药物。

❹ 芦荟含多糖成分，可提高机体的抗病能力。

食用宜忌

❶ 虚证病人忌食芦荟，尤其是阳气不足、脾胃虚弱或虚寒体质的人。

❷ 心脑血管、肝病、肾病患者不宜食用。

❸ 服用芦荟产生的副作用多因芦荟大寒的特性，主要表现是过食寒凉导致的阳虚气虚，如畏寒怕冷、手脚发凉、体质虚弱无力、腰痛肾痛、精神不振、嗜睡无力、晨腹泻或便秘、小便浓黄、夜尿频多。

选购妙招

挑选新鲜的芦荟，叶肉要厚实，用手轻轻一按，有硬度感的较好；芦荟刺是芦荟健康的晴雨表，越壮实的芦荟，刺就越坚挺、锋利；整株看起来茎比较粗的最好；只有根系发达，芦荟才能长得茁壮，所以一定要挑选根部结实、坚挺的。

储存方法

新采摘的芦荟，放到环境干燥、通风良好的地方可以保存半月以上。但必须注意，气温超过 30℃ 时要早、晚各喷点水。或者将芦荟放置于冰箱的蔬菜箱内，可以保存 1 星期左右。

芦荟醋

原料：

芦荟 100 克，苹果醋 300 毫升，糖适量

做法：

❶ 洗好的芦荟切去两侧的刺，去皮，再切成小块，备用。

❷ 将切好的芦荟倒入杯中。

❸ 加入适量苹果醋、糖。

❹ 用勺子搅拌均匀即可。

❺ 浸泡一会，入味即可食用。

< 水果搭配营养升级推荐 >

❶ 芦荟 + 草莓

多吃草莓可增强皮肤弹性，有美白和滋润保湿的功效。

❷ 芦荟 + 生姜

生姜中含有的姜辣素能使血液循环加快，促使身上的毛孔张开，把多余的热带走，起到减肥的作用。

❸ 芦荟 + 核桃

核桃有助于排出会引起肝脏疾病的氨。

绿色水果

薜荔果

学名：Ficus pumila Linn.
分类：桑科榕属
原产地：中国

营养分析含量表

（每 100 克含量）

蛋白质	0.65 克
脂肪	0.8 克
膳食纤维	3.5 克
碳水化合物	3.4 克

不仅延缓衰老，还可以美容养颜

薜荔果具有祛风利湿、清热解毒、补肾固精、活血通经、催乳消肿等功效。薜荔果含有大量的酸性物质，具有收涩之功，可治疗因肾虚精室不固而导致的遗精、阳痿等病症。

蛋白质：参与了基因表达的调节，以及细胞中氧化还原、电子传递、神经传递乃至学习和记忆等多种生命活动过程。

营养与功效

❶ 薜荔果药品具有活血通经、消肿止痛、催生下乳的功能，主治月经不调、乳汁缺乏、难产、痈肿疔毒等症，是临床常用下乳的重要药。

❷ 薜荔果可补肾固精、活血、催乳，用于遗精、阳痿、乳汁不通、闭经等症。

选购妙招

薜荔果呈球形，直径约 2 厘米；表面黑色，少数红棕色，略有光泽，有细密颗粒状凸起，一侧有凹陷的纵沟，质硬，胚乳白色，胚弯曲成环。子叶 2 枚，无臭，味微涩苦。掺伪品形状大小与王不留行相同，表面黄棕色至红棕色，在放大镜下可见表面有网纹，一侧有一浅沟。于锅中用小火炒至数爆成白花，出锅放凉，挑出来爆花者，研碎，断面呈黄色，富油性，气香，具油菜味。

储存方法

去壳的薜荔果储存在阴凉处，可以在一年内不发生品质的变化。

Chapter 4

紫黑色水果——营养齐全

紫黑色水果是近几年新兴的一类水果，因富含维生素、硒、铁、钙、锌等物质，而具有防癌、抗癌、抗氧化、抗衰老等功效，目前已成为国内水果市场上的新宠儿。这一色系的水果提供了大量的花青素，能抵御炎症，降低人们患上心脏病和癌症的风险。

紫黑色水果

葡萄

学名：Vitis vinifera L.

分类：葡萄科葡萄属

原产地：欧洲、西亚和北非一带

有“皮肤维生素”之称的“晶明珠”

葡萄皮薄而多汁，酸甜味美，营养丰富，有“晶明珠”之美称。

葡萄中的多量果酸有助于消化，适当多吃些葡萄能健脾和胃。常食葡萄对神经衰弱、疲劳过度大有裨益。制成葡萄干后，还是妇女、儿童和体弱贫血者的滋补佳品。

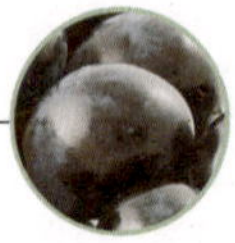

葡萄糖：在生物学领域具有重要地位，是活细胞的能量来源和新陈代谢的中间产物，即生物的主要供能物质。

营养与功效

❶ 葡萄性平，味甘、酸，入肺、脾、肾经，有补气血、益肝肾、生津液、强筋骨、止咳除烦、补益气血、通利小便的功效。

❷ 葡萄比阿司匹林能更好地阻止血栓形成，并能降低人体血清胆固醇水平，降低血小板的凝聚力，对预防心脑血管病有一定作用。每天食用适量鲜葡萄，不仅会减少心血管疾病的发病风险，还特别有益于局部缺血性心脏病和动脉粥样硬化心脏病患者的健康。鲜葡萄中的黄酮类物质能“清洗”血液，防止胆固醇斑块的形成。

营养分析含量表

（每 100 克含量）

热量	44 千卡
蛋白质	0.7 克
脂肪	0.2 克
碳水化合物	9.9 克
钾	0.12 克
铁	0.0004 克
膳食纤维	0.6 克
维生素 C	0.025
钙	0.005 克

食用宜忌

糖尿病人、腹泻患者、脾胃虚寒者不宜多吃葡萄。

选购妙招

果粒大小均匀、茎部无茶色斑点者为佳。

储存方法

葡萄不易保存，要保持新鲜可将葡萄放在通风、不受日照的阴凉处，也可以放到竹篮、果盘中；或先不清洗，以塑料袋或纸袋装好，防止果实的水分蒸散，放入冰箱冷藏。可在塑料袋上扎几个小孔，保持透气，以免水气积聚，造成水果腐坏。

葡萄奶酥

原料：

低筋面粉 195 克，葡萄干 60 克，玉米淀粉 15 克，蛋黄 45 克，奶粉 12 克，黄油 80 克，细砂糖 50 克，蛋黄 1 个

做法：

❶ 低筋面粉加奶粉、玉米淀粉，搅匀，倒细砂糖、蛋黄，搅匀，加黄油，揉成面团，加葡萄干后继续揉搓，擀成面片。

❷ 面片切成小方块，刷蛋黄，入烤箱，以上火 160℃、下火 160℃烤约 15 分钟至熟。

<水果搭配营养升级推荐>

❶ 葡萄 + 苦瓜

多吃苦瓜可以补肾健脾、滋肝明目。

❷ 葡萄 + 芹菜

常吃芹菜有助于清热解毒、降肝火。

❸ 葡萄 + 芦笋

对于患有高血压的人群来说，多吃芦笋能清热利尿。

黑提

紫黑色水果

学名：Vitis vinifera
分类：葡萄科葡萄属
原产地：美国加利福尼亚州

营养分析含量表

（每 100 克含量）

热量	43 千卡
蛋白质	0.50 克
脂肪	0.20 克
碳水化合物	13.1 克
膳食纤维	0.9 克

内含抗氧化物质的“贵族身份”

提子以果脆个大、甜酸适口、极耐贮运、品质佳等优点，被称为“葡萄之王”，虽然价格不菲，但在市场上以其“贵族身份”而备受青睐。提子皮和提子籽内含抗氧化物质，对于心脑血管疾病具有预防作用。

类黄酮： 可以抑制有害的低密度脂蛋白产生，还有降低血栓形成的作用。

营养与功效

❶ 提子中的糖分主要是葡萄糖，能很快被人体吸收。当人体出现低血糖时，若及时饮用葡萄汁，可很快使症状缓解。

❷ 法国科学家研究发现，提子能比阿斯匹林更好地阻止血栓形成，并且能降低人体血清胆固醇水平，降低血小板的凝聚力，对预防心脑血管病有一定作用。

❸ 提子中含的类黄酮是一种强力抗氧化剂，可抗衰老，并可清除体内自由基。

❹ 提子中含有一种抗癌微量元素，可以防止健康细胞癌变，阻止癌细胞扩散。葡萄汁可帮助器官移植手术患者减少排异反应，促进早日康复。

食用宜忌

吃提子的时候，不能吃海鲜、人参以及牛奶等食品，以免引起身体不适。

选购妙招

要选购果粒饱满结实、不易脱落、果皮光滑的提子，皮外有一层薄霜的为好。

储存方法

提子不易保存，要保持新鲜，一定要选取合适的保存方法。

❶ 通风储存法：放在通风、不受日照的阴凉处，也可以放到竹篮、果盘中。

❷ 冰箱冷藏法：先不清洗，以塑料袋或纸袋装好，防止果实的水分蒸散，入冰箱冷藏。可在塑料袋上扎几个小孔，保持透气，以免水气积聚，造成提子腐坏。

提子燕麦饼干

原料：

低筋面粉 350 克，黄油 270 克，糖粉 150 克，提子干 40 克，杏仁碎 40 克，燕麦片 100 克，蛋液适量，泡打粉 2 克，盐 2 克

做法：

❶ 盐和泡打粉一起放入低筋面粉里，黄油打发均匀，和糖粉一起加入低筋面粉中，低速打匀。

❷ 将提子干、杏仁碎和燕麦片倒入，搓成球压扁，在表面刷蛋液，放入烤箱，上下火 170℃烤 15 分钟。

< 水果搭配营养升级推荐 >

❶ 提子 + 橙子

多吃橙子可以促进肠道蠕动，清洁肠胃，排除宿便，排除体内有害物质。

❷ 提子 + 山药

山药可有效阻止血脂在血管壁中沉淀，预防心血疾病。

❸ 提子 + 粳米

粳米可预防糖尿病、脚气、老年斑和便秘等病症。

紫黑色水果

黑莓

学名：Rubus mesogaeus

分类：蔷薇科悬钩子属

原产地：北美洲

有抗癌功效的“生命之果”

黑莓是近年风靡全球的第三代水果的代表品种，被联合国粮农组织认定为第三代新型特种果，也被欧美国家赞誉为“生命之果”“黑钻石”。黑莓的抗氧化能力强，表明其中酚类和花青素的含量也很高。

叶黄素：是很好的抗氧化剂，可以帮助过滤掉紫外线，减少视网膜的光伤害。

营养与功效

❶ 黑莓中含有对人体至关重要的 6 种矿质元素（钾、钙、钠、镁、锌、铁），含量也较高。

❷ 黑莓中含有的氨基酸共有 18 种，包括 8 种必需氨基酸，且含量较高，还富含 γ-氨基丁酸。氨基酸是人体所必需的组成部分，食用黑莓可补充人体所需的氨基酸，对人体正常代谢起到保障的作用。

❸ 黑莓具有抗癌功效，对愈合伤口有一定的促进作用。

营养分析含量表

（每 100 克含量）

热量	43.06 千卡
花青素	0.027 克
原花青素	0.4 克
鞣花酸	0.002 克
维生素 C	0.01 克
维生素 E	0.003 克
膳食纤维	5.28 克
碳水化合物	4.3 克
蛋白质	1.39 克

食用宜忌

一般人均可食用。肾虚有火、小便短涩的人慎服。

肾热阴虚、血燥血少的人禁止服用。

选购妙招

要选择珠粒饱满的、无破损的黑莓。

储存方法

不宜保存，要尽快食用完。如果买回来的黑莓吃不完，直接放冰箱可能只能放 2 天，但是如果选用合适的密封袋装好放入冰箱，可多保藏 2 天。

推荐食谱

黑莓麦片焦糖

原料：

即食燕麦片 150 克，白糖 200 克，黑莓 50 克

做法：

❶ 把白糖倒入锅中，加少许清水。

❷ 小火慢熬成焦糖色，关火，倒入麦片，搅拌均匀。

❸ 倒入洗净的黑莓，捣碎，搅拌均匀，倒入纸杯中，放至微凉，放入冰箱中冻硬即可。

< 水果搭配营养升级推荐 >

❶ 黑莓 + 覆盆子

覆盆子含有的营养能补益肝肾。

❷ 黑莓 + 苹果

苹果含有丰富的有机酸，可刺激胃肠蠕动。

❸ 黑莓 + 白糖

白糖有益气、缓中、助脾化食、补血破瘀等功效。

蓝莓

紫黑色水果

学名：Vaccinium Spp
分类：杜鹃花科越橘属
原产地：北美

营养分析含量表

（每 100 克含量）

热量	56.76 千卡
碳水化合物	14.49 克
脂肪	0.33 克
蛋白质	0.74 克
膳食纤维	2.43 克
花青素	0.63 克

富含花青素的“浆果之王”

蓝莓的营养价值远远高于其他水果，因此获得了“世界浆果之王”的美誉。蓝莓不仅具有良好的营养保健作用，还具有防止脑神经老化、强心、抗癌、软化血管、增强人体免疫力等功能。

花青素：花青素可促进视网膜细胞中视紫质的再生成，可预防重度近视及视网膜剥离，并可增进视力。

营养与功效

❶ 蓝莓营养丰富，不仅富含常规营养成分，而且还含有极为丰富的黄酮类和多糖类化合物，因此又被称为“水果皇后”和“浆果之王”。

❷ 蓝莓营养价值远远高于其他水果，因此有“世界浆果之王”的美誉。而且蓝莓中还有较多的花青素，它可以促进视网膜细胞中的视紫质再生，预防近视，增进视力。

❸ 由于蓝莓富含花青素，具有活化视网膜的功效，可以强化视力、防止眼球疲劳而备受注目，也是世界粮农组织推荐的五大健康水果之一。

食用宜忌

新鲜蓝莓有轻泻作用，腹泻时勿食。由于蓝莓含有草酸盐，当草酸盐聚积太多于体液中时，会有结晶的现象，反而对身体有害。因此，肾脏或胆囊疾病尚未治愈的人，要避免摄食太多的蓝莓。此外，草酸盐也可能会干扰人体对钙的吸收，因此，想要强化钙质的人应避免将蓝莓和高钙食物一起食用。

选购妙招

选购蓝莓时一定要挑选果肉结实、颗粒大、干身、丰满、圆润，且没有凹痕和瘀伤的。蓝莓的颜色应该以紫蓝色到蓝黑色为最佳，最好还带有一小截青色的果茎，果皮上裹有一层淡淡的白色果粉。

储存方法

蓝莓是一种营养价值很高的浆果，应选择良好的保存方法，以防止营养元素流失。把购买回来的蓝莓直接放到有透气孔的食品盒中，然后存放在阴凉通风的地方，这种保存方法可以保证蓝莓5天不变质，不过外界的温度最好不要超过30℃。

蓝莓牛奶布丁

原料：

牛奶500毫升，细砂糖40克，香草粉10克，蛋黄2个，蓝莓20克

做法：

❶ 蛋黄用搅拌器拌匀，煮热的牛奶加糖、香草粉，搅拌凉后加入蛋液中。

❷ 将拌好的材料用筛网过筛2次，倒入牛奶杯，放烤盘中，倒水。

❸ 调成上火160℃、下火160℃，烤15分钟至熟。取出后，放上蓝莓作点缀，即可。

＜水果搭配营养升级推荐＞

❶ 蓝莓＋牛奶

牛奶含有很多人体需要的钙质、维生素D等，还有我们人体生长发育所需的各种氨基酸。

❷ 蓝莓＋葡萄

葡萄中的钾元素含量较高，能帮助人体积累钙质，促进肾脏功能，调节心跳次数。

❸ 蓝莓＋酸奶

壮骨，增加免疫力。

紫黑色水果

黑加仑

学名：Ribes nigrum L.
分类：茶藨子科茶藨子属
原产地：欧洲

不仅味道鲜美，且具有多种养生功效

黑加仑不仅是一种味道鲜美、营养丰富的水果，而且具有多种养生功效，如坚固牙龈、保护肝脏、改善视功能及抗衰老等。

多不饱和脂肪酸：多不饱和脂肪酸具有良好的保护心脑血管的作用。黑加仑叶提取物则对抗骨关节炎的防治非常有益。

营养与功效

黑加仑含有非常丰富的维生素C、磷、镁、钾、钙、花青素、酚类物质。目前已经知道的黑加仑的保健功效包括预防痛风、贫血、水肿、关节炎、风湿病、口腔和咽喉疾病、咳嗽等。

食用宜忌

❶ 黑加仑不要和牛奶同吃，会拉肚子，严重者还会呕吐。

❷ 在吃海鲜的同时吃黑加仑、石榴、柿子等，会出现呕吐、腹胀、腹痛、腹泻等症状。

营养分析含量表

（每100克含量）

热量	63千卡
蛋白质	1.4克
脂肪	0.4克
碳水化合物	15.4克
膳食纤维	2.4克
维生素C	0.181克

选购妙招

看黑加仑表面那层果粉，越白越厚越密表明该黑加仑是套袋子的，不用清洗就可直接食用。

把黑加仑拿在手中掂一下，如果有果粒掉下来则表明黑加仑熟过了头或放得太久。

看黑加仑的果穗，软软的表明没有使用激素。

储存方法

新鲜的黑加仑不易保存，应尽快食用完，如果吃不完，可将黑加仑放在 1~4℃或常温处保存，在室温下约可储存 7 天。

黑加仑牛乳

原料：

黑加仑 40 克，牛奶 250 毫升

做法：

❶ 黑加仑洗净待用。

❷ 榨汁机中放入黑加仑和牛奶，选择榨汁。

❸ 待牛乳榨好，倒入杯中即可。

< 水果搭配营养升级推荐 >

❶ 黑加仑 + 柠檬

柠檬富含维生素 C、糖类、钙、磷、铁、维生素 B_1、高量钾元素和低量钠元素等，对人体十分有益。

❷ 黑加仑 + 苹果

苹果含有丰富的有机酸，可刺激胃肠蠕动、排便通畅。

❸ 黑加仑 + 香蕉

香蕉味甘性寒，可清热润肠、促进肠胃蠕动。

桑葚

紫黑色水果

学名：Fructus Mori

分类：桑科桑属

原产地：中国

营养分析含量表

（每 100 克含量）

热量	45.5 千卡
蛋白质	0.5 克
脂肪	0.3 克
碳水化合物	5.4 克
钠	0.014 克
维生素 C	0.05 克
维生素 E	0.009 克
胡萝卜素	0.03 克

家庭常见的“民间圣果”

桑葚味甜汁多，是人们常食的水果之一。早在两千多年前，桑葚已是中国皇帝御用的补品。因桑树特殊的生长环境使桑果具有天然生长、无任何污染的特点，所以桑葚又被称为“民间圣果”。

脂肪酸： 脂肪酸具有分解脂肪、降低血脂、防止血管硬化等作用。

营养与功效

❶ 桑葚含有糖分、蛋白质、脂肪、苹果酸、维生素 A、维生素 B_1、维生素 B_2、维生素 C、铁、钠、钙、镁、磷、钾、胡萝卜素等。

❷ 桑葚含有不饱和脂肪酸，具有降低血脂、防止血管硬化等作用。

❸ 桑葚含有鞣酸、脂肪酸、苹果酸等，可以健脾胃、助消化。

❹ 桑葚富含维生素 C，可预防坏血病、动脉硬化、冠心病。

❺ 桑葚富含维生素 A，具有明目养肝的作用。

食用宜忌

熬桑葚时忌用铁器，因为桑葚会分解酸性物质，会跟铁产生化学反应而导致食用者中毒，严重者甚至可能死亡。

桑葚中含有溶血性过敏物质及透明质酸，过量食用后容易发生溶血性肠炎。

选购妙招

绿色和红色的果酸多，不适合生吃。完全成熟后，果色转变为紫黑色，才具有甜味，此时食用风味较佳。

储存方法

桑葚在常温下储存容易变质，为了保持其美味与营养，可以先不清洗桑葚，保持干爽，用敞口的容器盛放，放进冰箱冷藏；或用塑料袋分成小包，放冰箱冷冻，吃时用冷水化开；或洗净沥干水，找个密封罐，加少许盐和大量糖腌制，密封进冰箱，可以放一周。

桑葚酱

原料：

桑葚 100 克，蜂蜜 30 克，白糖 50 克，柠檬 70 克

做法：

❶ 砂锅中注入适量清水，拌入桑葚、黑豆、红枣。
❷ 大火煮开转小火煮 30 分钟至熟透。
❸ 揭盖，加入白糖。
❹ 搅拌均匀，煮约 2 分钟至白糖完全溶化。
❺ 关火后放蜂蜜，盛出装入杯中即可。

< 水果搭配营养升级推荐 >

❶ 桑葚 + 薄荷

薄荷有发散风热、清利咽喉、透疹解毒、止痒等功效。

❷ 桑葚 + 桂花

桂花散寒破结、化痰止咳，用于牙痛、化痰、经闭腹痛。

❸ 桑葚 + 酸奶

酸奶通过产生大量的短链脂肪酸，促进肠道蠕动及菌体大量生长改变渗透压而防止便秘。

紫黑色水果

仙人掌果

学名：Opuntia ficus ~ indica

分类：仙人掌科仙人掌属

原产地：墨西哥热带、亚热带大陆岛屿

可以帮助表皮创伤愈合的“太阳果实”

仙人掌果果肉含有丰富的微量元素、蛋白质、氨基酸、维生素、多糖类、黄酮类和果胶等。果肉中丰富的植物营养素与抗氧化剂能促进肌肤细胞再生，同时帮助皮肤创伤愈合。

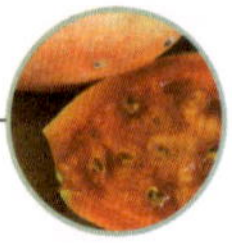

维生素 B_1： 又称硫胺素、抗神经炎维生素或抗脚气病维生素。维生素 B_1 以辅酶形式参与糖的分解代谢，有保护神经系统的作用，还能促进肠胃蠕动、增加食欲。

营养与功效

❶ 仙人掌果富含碳水化合物，是构成机体的重要物质；储存和提供热能；维持大脑功能必需的能源；调节脂肪代谢；提供膳食纤维；节约蛋白质；解毒；增强肠道功能。

❷ 仙人掌果富含蛋白质，具有维持钾钠平衡、消除水肿、提高免疫力、调低血压、缓冲贫血、有利于生长发育等作用。

❸ 仙人掌果富含膳食纤维，使人有饱食感，有利于减肥；进食后可刺激胃肠道，可防治便秘、痔疮等疾病。

❹ 仙人掌果脂肪丰富，可维持体温和保护内脏；提供必需脂肪酸；促进脂溶性维生素的吸收。

营养分析含量表

（每 100 克含量）

热量	41 千卡
脂肪	0.51 克
多不饱和脂肪酸	0.213 克
单不饱和脂肪酸	0.075 克
钠	0.05 克
维生素 C	0.14 克
钙	0.56 克

食用宜忌

适宜消瘦、免疫力低、记忆力下降、贫血、水肿等症状的人群。生长发育停滞的儿童、高血糖患者、糖尿病患者、身体过敏者等不宜。

选购妙招

成熟期在 6~10 月间，果实是浆果，由绿变暗红色（也有黄色的）即成熟。

储存方法

仙人掌果水分大，易腐烂，所以中短期储存要注意温度和湿度，长期只能脱水保存。

仙人掌果汁

原料：

仙人掌果 2 个，饮用水、蜂蜜各适量

做法：

❶ 仙人掌果去皮切粒。

❷ 倒进搅拌机内打碎。

❸ 果汁倒入过滤网去籽，调入饮用水和蜂蜜搅拌均匀，盛出即可。

＜水果搭配营养升级推荐＞

❶ 仙人掌果 + 牛奶

牛奶被誉为“白色血液”，对人体的重要性可想而知。

❷ 仙人掌果 + 蜂蜜

天然的蜂蜜有润肠通便的效果。

❸ 仙人掌果 + 玫瑰

玫瑰有理气、活血、收敛等作用，主治月经不调、跌打损伤、肝气胃痛、乳臃肿痛等症。

黑布林

紫黑色水果

学名：plum

分类：蔷薇科李属

原产地：美国

营养分析含量表

（每 100 克含量）

热量	36 千卡
碳水化合物	7.8 克
脂肪	0.2 克
蛋白质	0.7 克
膳食纤维	0.9 克

可“去粉滓黑黯”的美容果品

经常在饭后少量地吃一些黑布林，可以治愈头皮瘙痒、脱发、多屑等毛病。黑布林味道甘甜柔美，口感甚佳。中医认为它能“清肝除热，活血生精”，同时黑布林有很好的美容效果，可“令人面泽”。

果酸：果酸能够促进表皮面细胞的活化与更新，还可促进胶原蛋白生成，对于弹性纤维的更新与基底物质的形成也有助益。

营养与功效

❶ 黑布林能促进胃酸和胃消化酶的分泌，有增加肠胃蠕动的作用，因而食之能促进消化、增加食欲，为胃酸缺乏、食后饱胀、大便秘结者的食疗良品。

❷ 新鲜黑布林果肉中含有多种氨基酸，如谷酰胺、丝氨酸、甘氨酸、脯氨酸等，生食对于治疗肝硬化腹水大有种益。

食用宜忌

❶ 黑布林含高量的果酸，过量食用易引起胃痛，溃疡病及急、慢性胃肠炎患者忌服。

❷ 多食黑布林易生痰湿、伤脾胃，又损齿，故脾虚痰湿及小儿不宜多吃黑布林。

❸ 药理证实，黑布林有显著的利水降压作用，并可加快肠道蠕动，促进干燥的大便排出。

❹《本草纲目》记载，黑布林花和于面脂中，有很好的美容作用。

选购妙招

黑布林的品质好坏与李子的标准相统一，与成熟度和采后放置时间的长短有关。手捏果子，感觉很硬，尝黑布林有涩味者则太生；感觉略有弹性，尝黑布林脆甜适度者，则成熟适中；感觉柔软，尝黑布林甜蜜者，成熟度太高，不利于囤存。

储存方法

黑布林最好放在阴凉处，不要洗。或用保鲜袋包装置于冰箱中冷藏，应尽快食用。在常温下，0℃左右就可以了，不要低于0℃，否则容易冻伤变质。

黑布林水果布丁

原料：

黑布林肉脯150克，白砂糖20克，鱼胶粉10克，肉桂粉少许

做法：

❶ 将黑布林肉脯加冷水浸泡过夜。

❷ 次日在锅中煮20分钟，去核留汁留脯，放入搅拌机打成泥。

❸ 用另一个锅加水，放入打好的果泥、白砂糖、鱼胶粉、肉桂粉煮沸，搅拌均匀。关火倒入碗中，放入冰箱冷冻成形即可。

< 水果搭配营养升级推荐 >

❶ 黑布林＋蜂蜜

清肝益胃、生津润燥、提神、通便，适用于咽干唇燥、虚劳久咳、阴虚内热、糖尿病等病症。

❷ 黑布林＋大米

熬粥喝，养肝泻火、破瘀利水，适用于肝硬化腹水。

❸ 黑布林＋鸡蛋

养颜祛斑，可治女士面部黑斑。

紫黑色水果

车厘子

学名：Cerasus pseudocerasus
分类：蔷薇科樱属
原产地：热带美洲西印度群岛加勒比海地区

可以防癌的“早春第一果”

车厘子富含花青素以及钾，有助调节血压和降低中风风险。除了花青素，车厘子还含有较多的鞣花酸，这种抗氧化成分活性较强，可消除致癌物，起到防癌作用。

胡萝卜素：胡萝卜素可以维持眼睛和皮肤的健康，改善夜盲症、皮肤粗糙的状况，有助于身体免受自由基的伤害。

营养与功效

❶ 车厘子含铁量高，居各种水果之首，经常食用能促进血红蛋白再生，既可防治缺铁性贫血，又可增强体质、健脑益智。

❷ 麻疹流行时，给小儿饮用车厘子汁能够预防感染。车厘子核则具有发汗透疹解毒的作用。

❸ 车厘子性温热，兼具补中益气之功，能祛风除湿，对风湿腰腿疼痛有良效。车厘子树根还具有很强的驱虫、杀虫作用，可驱杀蛔虫、蛲虫、绦虫等。

❹ 车厘子营养丰富，所含的蛋白质、糖、磷、胡萝卜素、维生素 C 等均比苹果、梨高，尤其含铁量高。常用车厘子汁涂擦面部及皱纹处，能使面部皮肤红润嫩白，祛皱消斑。

营养分析含量表

（每 100 克含量）

热量	71 千卡
水分	80 克
蛋白质	0.9 克
脂肪	0.4 克
碳水化合物	8 克
磷	0.2 克
钾	2.2 克
钠	0.04 克

食用宜忌

❶ 车厘子梗发黑，表面暗淡、发黏的，表明已经不新鲜，不能再吃。

❷ 车厘子核被咀嚼或咬碎会产生氢氰酸，严重的会导致呼吸系统衰竭而致死。

❸ 别空腹吃车厘子。

选购妙招

表皮无伤痕，蒂梗颜色鲜绿，果实鲜红发亮，要有弹性不可太软。

储存方法

先用塑胶袋装起来，再放入冷藏室存放。若要长时间保存，也可酿制成果酱或车厘子酒。

车厘子红豆沙拉

原料：

橙子1个，香蕉1根，车厘子90克，芒果1个，西瓜400克，熟红豆80克，去皮菠萝160克，沙拉酱15克，牛奶35毫升，蜂蜜15克

做法：

❶ 沙拉酱、牛奶、蜂蜜搅匀成奶香沙拉酱。

❷ 菠萝切厚片，车厘子去柄，香蕉切圆片，橙子去皮切块，芒果切丁，西瓜切块。

❸ 玻璃罐内倒入奶香沙拉酱，加熟红豆，放入切好的水果，铺平即可。

< 水果搭配营养升级推荐 >

❶ 车厘子 + 猕猴桃

猕猴桃中维生素C的含量在水果中名列前茅。

❷ 车厘子 + 牛油果

牛油果中的醣化神经磷脂具有抵御肠胃感染的作用，尤其是对儿童和老年人有益。

❸ 车厘子 + 释迦

释迦是最佳的抗氧化水果之一，能有效延缓肌肤衰老。

西梅

紫黑色水果

学名：California prune
分类：梅子科梅子属
原产地：法国西南部的 LaPetiteD' Agen

营养分析含量表

（每 100 克含量）

热量	39 千卡
碳水化合物	10.3 克
膳食纤维	1.5 克
蛋白质	0.7 克

不含脂肪和胆固醇的“奇迹水果”

西梅含有丰富的维生素 A 及膳食纤维，同时兼含铁和钾等矿物质，却不含脂肪和胆固醇。西梅芳香甜美，口感润滑，当作为配料时，具有甘草的芳香，是现代人健康饮食的佳品。无论用来做沙拉、糕点，还是主食、配料，都非常合适。

维生素 A: 维生素 A 是一种脂溶性维生素，对保护人体肌肤和发质极为重要。同时，它有助于人体的骨骼生长、牙齿发育等。

营养与功效

❶ 西梅含有丰富的营养成分，包括膳食纤维、维生素 A、矿物质、微量元素等。专家们研究出，吃三粒中等大小的西梅，就相当于吃了一个新鲜水果的纤维含量。

❷ 西梅的纤维非常丰富，一直是通便的“良”果。由于西梅在夏季才能吃到，所以平日要吃，便要以西梅汁及西梅干代替，不过这两者的糖分均较高，热量亦会进一步提升。

❸ 西梅可帮助老年人补充铁、锌、钾，强身健骨，可使小孩增加各种维生素。

食用宜忌

西梅适合大多数人群，但因为其含糖量较高，所以糖尿病人要控制食用量。另外，西梅含有丰富的膳食纤维，所以营养吸收不良的人、急慢性肠胃炎患者要慎用。

怀孕是可以吃西梅干的，况且西梅干还有通便作用。

选购妙招

选择果肉软硬适中、果实饱满的西梅为佳。

储存方法

放冰箱保存即可。

鲜梅柠檬冰淇淋

原料：

牛奶 300 毫升，植物奶油 300 克，糖粉 150 克，蛋黄 2 个，玉米淀粉 15 克，西梅汁 100 毫升，酸奶 150 克，柠檬汁 20 毫升

做法：

❶ 锅中倒玉米淀粉、牛奶，开小火，搅拌，加糖粉，搅拌，将蛋黄倒入锅中，制成浆汁，加植物奶油、酸奶、西莓汁、柠檬汁。

❷ 打发均匀，制成冰淇淋浆，倒入保鲜盒，封上保鲜膜，放入冰箱冷冻 5 小时至定形。

< 水果搭配营养升级推荐 >

❶ 西梅 + 银耳

银耳富含维生素 D，能防止钙的流失。

❷ 西梅 + 莲子

莲子有益心补肾、健脾止泻、固精安神的作用。

❷ 西梅 + 苹果

苹果中所含的膳食纤维能使大肠内的粪便变软，利于排便。苹果还含有丰富的有机酸，可刺激胃肠蠕动。

紫黑色水果

杨梅

学名：Myrica rubra (Lour.) S. et Zucc.

分类：杨梅科杨梅属

原产地：中国浙江余姚

阻止体内的糖向脂肪转化

杨梅含有多种有机酸。所含的果酸既能开胃生津、消食解暑，又有阻止体内的糖向脂肪转化的功能，有助于减肥。杨梅素有“初凝一颗值千金”之美誉，在吴越一带又有“杨梅赛荔枝”之说。杨梅果实色泽鲜艳，汁液多，甜酸适口，营养价值高。杨梅含有丰富的维生素C、维生素B、氰氨类、脂肪油等，具有良好的抗癌作用。

维生素B：维生素B充足，则神经细胞能量充沛，可以缓解忧虑、紧张，增加对噪音等的承受力。

营养与功效

❶ 杨梅含有多种有机酸，维生素C的含量也十分丰富，不仅可直接参与体内糖的代谢和氧化还原过程，增强毛细血管的通透性，而且还有降血脂、阻止癌细胞在体内生成的功效。

❷ 杨梅含有果胶、矿物质、膳食纤维、维生素、蛋白质、脂肪，对于人体都非常有利。适当食用杨梅，可增加胃酸，利于食物的消化，增加食欲。

食用宜忌

杨梅不能和黄瓜、萝卜、大葱、牛奶同食；咯血患者、胆囊炎和胆结石患者忌吃杨梅。

营养分析含量表

（每100克含量）

热量	28千卡
蛋白质	0.8克
脂肪	0.2克
碳水化合物	5.7克
膳食纤维	1克
果汁含糖量	12克
维生素C	0.009克

选购妙招

暗红色或者过于黑红的杨梅最好不要选购，青色、青红色的杨梅还未成熟，应当挑选果面干燥、颜色鲜红的杨梅，选择软硬度适中、果肉凸起的杨梅。

储存方法

为了保证杨梅的品质与风味，延长它的保存期限，杨梅可放在 0 ~ 0.5℃的冰箱冷藏室中，在相对湿度为 85% ~ 90% 的环境下保存。要注意的是杨梅千万不能清洗之后贮藏。还可以将新鲜的杨梅制成杨梅酒，或将杨梅晒干储存。

杨梅酱

原料：
杨梅 700 克，柠檬半个，白砂糖 100 克，蜂蜜 20 克

做法：

❶ 杨梅撒糖，搅拌均匀，腌渍到糖溶化。

❷ 将杨梅果肉倒入奶锅中，小火熬煮，要不断搅拌，挤入柠檬汁，加糖，不断搅拌，熬煮至汁水浓稠。

❸ 果酱冷却后倒入蜂蜜，搅匀后即可装入消毒后的玻璃瓶中，彻底凉透放冰箱冷藏食用。

<水果搭配营养升级推荐>

❶ 杨梅 + 蜂蜜
研究证明，蜂蜜对胃肠功能有调节作用。

❷ 杨梅 + 白糖
白糖含有糖类，人体活动所需的能量大约有 70% 是靠糖类供给的。

❸ 杨梅 + 醋
常喝醋能起到消除疲劳等作用，还可治感冒。

紫黑色水果

嘉宝果

学名：Myrciaria cauliflora Berg
分类：桃金娘科拟爱神木属
原产地：南美洲

有利于皮肤保养的“热带葡萄”

嘉宝果的营养价值高，据统计其富含水分、维生素 C、钙等 15 种营养成分。因果形和风味又似葡萄，因此享有“热带葡萄”之称。

碳水化合物：碳水化合物是生命细胞结构的主要成分及主要供能物质，并且有调节细胞活动的重要功能。

营养与功效

❶ 嘉宝果营养价值高、珍贵、稀有，其果肉透明、柔软多汁、风味特殊、气味芬芳，富含水分、维生素 C、钙、磷、铁、膳食纤维、碳水化合物、维生素 B_1、核黄素、氨基酸、灰分、脂肪、蛋白质等 15 种以上的高营养成分。

❷ 新鲜嘉宝果除了可生吃以外，还可以做成果冻、蜜饯、果酱以及风味极佳的嘉宝果酒。如果经常食用的话，有利于预防心血管疾病，增强抵抗力，尤其对女性的活力年轻、皮肤亮丽有着显著的促进作用。

食用宜忌

嘉宝果的果实容易感染细菌而导致变质，所以破损的嘉宝果最好不要食用。

嘉宝果尤其适用于患肾炎、阳痿早泄、不孕不育、尿路感染、高血压、冠心病、风湿及类风湿等疾病的患者。

营养分析含量表

（每 100 克含量）

热量	0.0457 千卡
蛋白质	0.1 克
脂肪	0.01 克
碳水化合物	12.58 克
膳食纤维	0.08 克
灰分	0.20 克
维生素 C	0.023 克

选购妙招

好的嘉宝果果皮闻起来有轻微的树脂味道。成熟后的嘉宝果应该是紫黑色的，和黑提子很相似，成熟的果实圆润，表皮结实光滑，果肉呈多汁半透明，甘甜无比，口味特殊。

储存方法

国外研究表明，于果表涂布果腊或包塑料膜置于低温环境下，可延长嘉宝果果实的贮藏寿命。将采后的果实散除田间热后，尽快放入聚乙烯塑料袋内，于低温下可减少失水及发酵作用，延长贮藏寿命至2周。

朗姆嘉宝果饼干

原料：

黄奶油180克，嘉宝果干100克，低筋面粉125克，朗姆酒20毫升，糖粉150克，泡打粉3克

做法：

❶ 黄奶油快速拌匀，倒入糖粉，搅匀。

❷ 嘉宝果干浸泡在朗姆酒中5分钟。

❸ 把低筋面粉、泡打粉过筛，拌匀，揉成面团。

❹ 将嘉宝果干放到面团上，搓成长条形，切成均等的小剂子，揉成圆球，放入烤盘压平。

❺ 将烤盘放入烤箱，上下火100℃烤15分钟至熟。

< 水果搭配营养升级推荐 >

❶ 嘉宝果 + 冰糖

冰糖养阴生津、润肺止咳，对肺燥咳嗽、干咳无痰、咯痰带血都有很好的辅助治疗作用。

❷ 嘉宝果 + 排骨

排骨有很高的营养价值，可补肾养血、滋阴润燥。

❸ 嘉宝果 + 山药

山药具有滋养强壮、助消化、敛虚汗、止泻之功效。

紫黑色水果

苹婆

学名：Sterculia nobilis Smith.

分类：梧桐科苹婆属

原产地：中国、印度、越南等地

营养分析含量表

（每 100 克含量）

热量	68 千卡
碳水化合物	96.6 克
维生素 A	0.24 克

辅助治疗多种眼疾的“凤眼果”

苹婆又称“凤眼果”，果肉所含营养可以调节脂肪代谢、提供膳食纤维、节约蛋白质、解毒、增强肠道功能。苹婆富含维生素 A，可以辅助治疗多种眼疾，保护胃、呼吸道黏膜的功能。

维生素 A：是构成视觉细胞中感受弱光的视紫红质的组成成分，能维持正常视觉功能。适当摄取可预防夜盲症、视力衰退，治疗各种眼疾。

营养与功效

❶ 苹婆富含的维生素 A 可明目，辅助治疗多种眼疾，增强免疫力，清除自由基，促进生长发育，保护胃、呼吸道黏膜的功能。

❷ 苹婆可以入药，味甘，性温，止泻是它最重要的功效，平时多用于痢疾和腹痛等疾病的治疗。另外它的根茎也可以入药，对骨折和外伤出血有很好的治疗作用，能起到良好的止痛和止血作用。

❸ 苹婆很适宜夜盲症，容易长粉刺、疖疮等皮肤病，肺气肿、甲状腺机能亢进症的人群食用。

选购妙招

苹婆最好挑选个头大、形状匀称者为宜，色泽近黑褐色者尤为佳品。

储存方法

鲜种经采摘脱壳后晒干可长期保存。

Chapter 5

白色水果——减肥必备

中医以白色食物来预防秋燥。白色水果养生法因白色食物与肺部对应，与肺同系统的器官有大肠、皮肤、喉咙、支气管等，为了防范秋燥对人体的影响，饮食方面应以“滋阴润燥”为原则，以防秋燥伤阴。所以平日容易感冒，或是肺与支气管常不舒服、易咳嗽的人，平时肠胃脆弱但又容易胖的人，肤色不佳的人，要多吃一些白色的食物，例如甘蔗、山竹、梨等。

白色水果

椰子

学名：Cocos nucifera L.
分类：棕榈科椰子属
原产地：东南亚地区

清暑解渴不能少

新鲜的椰汁“清如水甜如蜜”，饮后清凉、甘甜、可口，风味独特，营养价值高，是解暑的最佳饮品。同时椰子是药食两用的佳品，含有的多种营养能够有效地补充人体的营养成分，提高机体的抗病能力。

蛋白质：蛋白质是建造和修复身体的重要原料，人体的发育以及受损细胞的修复和更新都离不开蛋白质。蛋白质也能为人体的生命活动提供能量。

营养与功效

❶ 椰子含有糖类、脂肪、蛋白质、B 族维生素、维生素 C 及微量元素钾、镁等，能够有效地补充人体的营养成分，提高机体的抗病能力。

❷ 椰汁含有丰富的钾、镁等矿物质，其成分与细胞内液相似，可达到利尿消肿之效。

❸ 椰肉及椰汁均有杀灭肠道寄生虫的作用，饮其汁或食其肉均可驱除姜片虫和绦虫。

❹ 椰汁含糖类、脂肪、蛋白质、生长激素、维生素和大量的人体必需的微量元素，经常饮用能益人气力，补充细胞内液，扩充血容量，滋润皮肤，具有驻颜美容的作用。

营养分析含量表

（每 100 克含量）

热量	241 千卡
蛋白质	4 克
脂肪	12.1 克
碳水化合物	31.3 克
不溶性纤维	4.7 克
磷	0.09 克
钾	0.475 克

食用宜忌

大便清泻、病毒性肝炎、脂肪肝、支气管炎、哮喘、高血压、糖尿病等患者不宜食用椰子。体内火气旺盛的人群，需要注意控制椰子的摄入量，不宜多吃。

选购妙招

把椰子上下用力摇晃，如果里面没有水声说明太熟太干。接着检查一下椰子是否完整，避免选择那种有破损外壳的椰子，并确保没有水分从椰子的三个眼里渗出。

储存方法

完整的椰子可冷藏 2 个月；椰肉只能保鲜数天；椰丝可以放在保鲜袋里，冷冻之，保存时间可以达到 8~10 个月。

银耳椰子盅

原料：

银耳 80 克，马蹄丁 50 克，椰子壳 1 个，冰糖 5 克，椰子汁 150 毫升

做法：

❶ 打开椰子壳，放入备好的银耳、马蹄丁、冰糖。

❷ 倒入椰子汁。

❸ 蒸锅中注入适量清水烧开，放入椰子盅。

❹ 盖上盖，大火蒸 30 分钟至熟。

< 水果搭配营养升级推荐 >

❶ 椰子 + 白菜

白菜有促进肠壁蠕动、帮助消化、保持大便通畅的功效。

❷ 椰子 + 鸡肉

鸡肉具有温中益气、补精填髓、益五脏、补虚损的功效，可治疗虚劳瘦弱、中虚食少、月经不调、消渴等症状。

❸ 椰子 + 姜

姜的挥发油能增强胃液的分泌和肠壁蠕动，可助消化。

白色水果

山竹

学名：Garcinia mangostana L.

分类：藤黄科藤黄属

原产地：马鲁古

舒爽降火气的“水果女王”

山竹果肉白皙，每一小瓣如蒜头的形状，味道清甜，有“水果女王”的美誉。若吃多了榴莲上火，食用山竹就能降火气。山竹含多量的膳食纤维，能促进肠胃蠕动。

膳食纤维： 膳食纤维被营养学界补充认定为第七类营养素，可降低血液胆固醇和甘油三酯。

营养与功效

❶ 山竹含有丰富的蛋白质和脂类，对机体有很好的补养作用，对体弱、营养不良、病后都有很好的调养作用。

❷ 中医认为，山竹有清热降火、减肥润肤的功效。对平时爱吃辛辣食物、肝火旺盛、皮肤不太好者，常吃山竹可以清热解毒、改善皮肤。

食用宜忌

山竹适宜肺热咳嗽，痰浓、色黄者，或肾结石、胆结石患者，或阴虚火旺、内火偏盛、口干口苦、口舌生疮、大便干燥者食用。

肥胖及肾病、心脏病患者少吃；糖尿病患者忌食。体质虚寒者只能少吃，不宜多吃。每天最多吃3个山竹，过多会引起便秘。山竹忌和西瓜、啤酒、白菜、芥菜、苦瓜、冬瓜、荷叶等寒凉食物同吃。女子月经期间或有寒性痛经者勿食。

营养分析含量表

（每100克含量）

热量	71千卡
蛋白质	0.5克
脂肪	0.3克
碳水化合物	18.7克
钠	0.06克
维生素C	0.05克
膳食纤维	1.5克

选购妙招

❶ 购买山竹时一定要选蒂绿、果软的新鲜果，否则会买到“死竹”。

❷ 用手指轻压表壳，如果表皮很硬而且干，手指用力仍无法使表皮凹陷，蒂叶颜色暗沉，表示此山竹已太老，不适宜吃了。

❸ 果实下面的蒂瓣越多果肉就越多，一般有几瓣就表示果实内有几瓣果肉。

储存方法

山竹的外壳吹风容易变干，若要存放，最好置于冰箱冷藏，但要注意通常存放 5 天后，风味每况愈下，最多存放 10 天就要尽早食用。

山竹牛奶冰淇淋

原料：

鸡蛋 4 个，牛奶 400 毫升，椰汁 100 毫升，白糖 100 克，山竹肉泥 20 克

做法：

❶ 取蛋黄加白糖，用搅拌器打发至乳黄色。

❷ 奶锅倒入牛奶，中火煮热，倒入椰汁煮至微开。

❸ 将椰汁倒入蛋黄液中，拌好后倒回奶锅，加热至微开，关火前放入山竹肉泥，盛出放凉冷冻 8 小时。

❹ 将其取出，搅拌片刻，再放入冰箱冷冻 2 小时。此动作重复 1 次，用挖球器将冰淇淋装入碗中即可。

< 水果搭配营养升级推荐 >

❶ 山竹 + 哈密瓜

哈密瓜有清凉消暑、除烦热、生津止渴的作用，食用哈密瓜对人体造血机能有显著的促进作用。

❷ 山竹 + 香蕉

香蕉有清热润肠、增强免疫力等功效。

❸ 山竹 + 苹果

苹果有扩张血管、润肺润胃、减肥等作用。

白色水果

火龙果

学名：Hylocereus undulatus Britt

分类：仙人掌科三角柱属或蛇鞭柱属

原产地：中美洲的哥斯达黎加、厄瓜多尔、古巴等地

促进肠胃蠕动，通便必备

火龙果营养丰富、功能独特，含有一般植物少有的植物性白蛋白以及花青素、丰富的维生素和水溶性膳食纤维，果肉中的维生素 C 更具有美白皮肤、促进肠胃蠕动的功效。

维生素 A：可维持正常视觉功能，维持骨骼正常生长发育。

营养与功效

❶ 火龙果中的花青素含量较高。花青素是一种效用明显的抗氧化剂，具有抗氧化、抗自由基、抗衰老的作用，还可抑制脑细胞变性、预防老年痴呆症。

❷ 火龙果中富含一般蔬果中较少有的植物性白蛋白，能起到解毒的作用。此外，含有的白蛋白还对胃壁有保护作用。

❸ 火龙果富含维生素 C，可以消除自由基，具有美白皮肤的作用。

❹ 火龙果中芝麻状的种子有促进胃肠消化的功能。

❺ 火龙果果实和茎的汁对控制肿瘤的生长、抑制病毒感染及免疫反应等有积极作用。

营养分析含量表

（每 100 克含量）

热量	50 千卡
蛋白质	1.1 克
脂肪	0.2 克
碳水化合物	12.5 克
钠	0.016 克
维生素 A	0.07 克
膳食纤维	1.7 克

食用宜忌

火龙果不宜与牛奶同食。糖尿病人、女性体质虚冷者，患有脸色苍白、四肢乏力、经常腹泻等症状的寒性体质者不宜多食；而女性在月经期间也不宜食用火龙果。

选购妙招

火龙果愈重代表汁多、果肉丰满，所以购买火龙果时应用手掂一掂火龙果的重量，选择愈重的愈好。

储存方法

火龙果买回来后用袋子包装好，放在篮子里面于阴凉通风处存放；或用袋子包好放在冰箱冷藏。保存时间不宜过长，应尽快吃掉，一般放家里别超过一周。

香瓜火龙果沙拉

原料：
哈密瓜、火龙果、西瓜各 300 克，红提子 100 克，草莓 60 克，蓝莓 20 克

酸奶沙拉酱用料： 酸奶 3 大勺，蜂蜜 1 大勺，柠檬汁 2 大勺

做法：

❶ 将水果去皮切块。

❷ 碗中倒入酸奶、柠檬汁、蜂蜜拌匀，制成酸奶沙拉酱。

❸ 往备好的罐子倒入酸奶沙拉酱。

❹ 倒入哈密瓜、火龙果球、西瓜块、草莓。

❺ 摆放上红提子，铺上蓝莓即可。

< 水果搭配营养升级推荐 >

❶ 火龙果 + 菠菜
菠菜对缺铁性贫血有较好的辅助治疗作用。

❷ 火龙果 + 猪肝
食用猪肝可调节和改善贫血病人造血系统的生理功能。

❸ 火龙果 + 西红柿
西红柿含有的番茄红素具有独特的抗氧化能力，保护细胞，能阻止癌变进程。

白色水果

番石榴

学名：Psidium guajava Linn.
分类：桃金娘科番石榴属
原产地：美洲热带

营养分析含量表

（每 100 克含量）

热量	38 千卡
水分	89 克
蛋白质	0.8 克
脂肪	0.1 克
碳水化合物	9.7 克
维生素 C	0.068 克
膳食纤维	2.4 克
钾	0.235 克

强身健体，提高身体素质

番石榴的食用与药用价值均高，可防治高血压、糖尿病，是肥胖症及肠胃不佳患者最为理想的食用水果。番石榴营养丰富，可增加食欲，促进儿童生长发育。

维生素 A：具有调节表皮及角质层新陈代谢的功效，可以抗衰老、去皱纹。

营养与功效

❶ 番石榴营养丰富，有健胃、提神、补血、滋肾之效。

❷ 常食番石榴可在一定程度上防止身体细胞遭受破坏而导致癌病变，避免动脉粥状硬化的发生，抵抗感染病，还能维持正常的血压及心脏功能。

❸ 番石榴富含膳食纤维，能有效地清理肠道，对糖尿病患者有独特的功效。

❹ 番石榴含有的碳水化合物能降低人体胆固醇成分和血糖。

食用宜忌

❶ 番石榴的膳食纤维含量丰富，能够增加大便量，这对于气虚无力排便的便秘人士来说，更会加重排便的难度，使便秘更严重。

❷ 番石榴特别是里面的籽，不太容易消化，所以消化功能差，有胃病、胃出血、肠出血疾病的人也不建议多吃。

选购妙招

❶如果喜欢吃脆一点的番石榴，可以选择那种捏起来比较硬的、表皮比较光滑的、颜色比较淡的。

❷如果喜欢吃软一点的番石榴，可以选择那种摸起来比较有弹性的、香味比较浓郁的。

❸ 如果是已经成熟的番石榴，其味道不需要靠鼻端太近也是可以闻得到的，这种香味非常甜美。

❹ 青熟果以果实大、皮色深绿或白绿、果面有光泽、果形呈品种固有形状、无小凹黑点者为佳。

储存方法

番石榴在低温下最久可保存 1 个月，也可冷藏保鲜。

番石榴火龙果汁

原料：

番石榴 100 克，火龙果 130 克，柠檬汁 30 毫升

做法：

❶ 洗净的番石榴去头尾，切块。

❷ 火龙果去皮，切块，待用。

❸ 榨汁机中倒入火龙果块和番石榴块。

❹ 加入柠檬汁。

❺ 注入 100 毫升凉开水，榨汁，倒入杯中即可。

< 水果搭配营养升级推荐 >

❶ 番石榴 + 胡萝卜

胡萝卜中的膳食纤维增加胃肠蠕动，通便防癌。

❷ 番石榴 + 柠檬

柠檬对促进肌肤的新陈代谢、延缓衰老及抑制色素沉着等十分有效。

❸ 番石榴 + 苹果

常吃苹果可使皮肤润滑柔嫩。

白色水果

芭乐

学名：Psidium guajava L.
分类：桃金娘科番石榴属
原产地：热带美洲

降脂减重的天然美白圣品

芭乐的果实营养丰富，含有较高的维生素 A、维生素 C、膳食纤维及磷、钾、钙、镁等矿物质，也富含蛋白质和脂肪。芭乐的维生素 C 含量是其他水果的好几倍，维生素 C 是美白肌肤的最有力的元素，经常吃芭乐能够起到延缓肌肤衰老及美白肌肤的作用。芭乐除了白肉的，还有红肉的。

维生素 C：可改善脂肪和类脂特别是胆固醇的代谢，预防心血管病。

营养分析含量表

（每 100 克含量）

热量	41 千卡
蛋白质	1.1 克
碳水化合物	8.3 克
脂肪	0.4 克
膳食纤维	5.9 克
视黄醇当量	0.053 克
维生素 C	0.068 克

营养与功效

❶ 芭乐肉质细嫩、清脆香甜，是很好的减肥食品，适宜减重又爱美的女性食用。芭乐果皮的维生素 C 含量比其他水果高很多，约为柑橘的 8 倍，可增强抵抗力，预防癌症的发生。

❷ 芭乐是女性的天然美白圣品，有助牙龈的健康，预防脸上黑色素沉淀；又含有丰富的钾、镁、磷，能排出体内多余的钠离子，有效预防高血压。

❸ 芭乐含有的柠檬酸能消除疲劳、帮助代谢顺畅，排毒整肠，但又含有高量的膳食纤维，不适合便秘者食用，而腹泻者也要酌量食用。

食用宜忌

儿童及有便秘习惯或有内热的人不宜多吃。肝热的人应慎防便秘，因为芭乐具有收敛止泻作用。

选购妙招

喜欢脆者，要选择果实硬、表皮光滑、皱褶少、颜色淡而均匀的；喜欢软者，要选择摸起来柔软有弹性、香味浓郁、表皮光滑、皱褶少、淡绿色的。

储存方法

因为芭乐属于“更年性”果实，从成熟至完熟只有短短的数天，不便保存，因此芭乐变软必须立即食用，才不致坏掉。

芭乐西芹汁

原料：

芭乐 150 克，西芹 100 克

做法：

❶ 洗净的西芹切成段。
❷ 洗好的芭乐对半切开，切成瓣，再切小块，备用。
❸ 锅中注入适量清水烧开，放入西芹，焯煮片刻。
❹ 将西芹捞出，沥干水分，待用。
❺ 榨汁机选搅拌刀座组合，将西芹、芭乐倒入。
❻ 倒入适量矿泉水，榨取芭乐西芹汁。
❼ 把榨好的果蔬汁倒入玻璃杯中即可。

< 水果搭配营养升级推荐 >

❶ 芭乐 + 百香果

百香果有消炎止痛、活血强身、降脂降压等疗效。

❷ 芭乐 + 蜂蜜

蜂蜜对胃肠功能有调节作用，可使胃酸分泌正常。

❸ 芭乐 + 西芹

西芹捣汁加热饮用，可清理血液伏热，增加血液循环，兼治小便疼痛、利尿。

白色水果

释迦

学名：Annona squamosa

分类：番荔枝科番荔枝属

原产地：热带美洲

营养分析含量表

（每 100 克含量）

热量	104 千卡
水分	70 克
蛋白质	2.2 克
脂肪	0.1 克
碳水化合物	26.6 克
钠	0.007 克
维生素 C	0.099 克
膳食纤维	2.7 克

可以调节脂肪代谢的佛头果

释迦的营养极丰富，热量极高，能养颜美容、补充体力、清洁血液、强健骨骼、预防坏血病、增强免疫力、抗癌。但其糖分也是很高的，因此糖尿病患者或者是减肥的人是不宜多吃的！

钠元素：钠与 ATP 的产生和利用、肌肉运动、心血管功能、能量代谢都有关系，此外，糖代谢、氧的利用也需有钠的参与。

营养与功效

❶ 释迦果果肉纤维含量较高，而且含有丰富的维生素 C。释迦果果肉富含维生素 A、B、C 及蛋白质、铁、钙、磷等。丰富的铁元素适宜于孕妇、儿童、哺乳期的妇女及缺铁性贫血患者。

❷ 果实主供鲜食，也可制成果汁、果露、果酱、果酒、饮料等；其根可作泻药，叶可作伤口消毒；果肉加糖加乳，制成香普拉（Champola），是提神解渴的食品。

❸ 糖尿病患者经常食用释迦，对于病症的减轻有明显的辅助食疗作用。释迦膳食纤维含量较高，能有效地促进肠蠕动，排走积存在肠内的宿便。

食用宜忌

释迦甘温而涩，并且含有鞣质，不要与乳制品或高蛋白的食品一起食用，以免生成不易消化的物质。

选购妙招

❶ 看其形状，外表看起来形状端正而且颗粒饱满的最好，同时鳞片大而平坦的为上品。如果买回来直接吃的话，那就要挑选绿色略微有黄边的，轻轻捏起来果实稍微有点软的，此为熟透的。

❷ 要以果实大、外观完整以及鳞目大小一致、果实尚硬熟的状态者为佳。

储存方法

要等到熟软后再放进冰箱冷藏，否则易发生寒害，使果实变黑。软熟后的释迦存放于冰箱中，可保存约 5 天。

释迦水果沙拉

原料：

释迦 120 克，橙子、猕猴桃各 80 克，酸奶 50 克

做法：

❶ 释迦去皮去核切块；猕猴桃、橙子去皮，切小块。

❷ 取一个大碗，放入切好的释迦、猕猴桃、橙子。

❸ 加入适量酸奶，拌匀。

❹ 另取一个干净的盘子，盛入拌好的水果沙拉，摆好即可。

< 水果搭配营养升级推荐 >

❶ 释迦 + 草莓

草莓可以自然平和地清除体内的重金属离子。

❷ 释迦 + 酸奶

常饮酸奶能够润肤、明目、固齿、健发。其原因是酸奶中含有丰富的钙，更易消化吸收，利用率高。

❸ 释迦 + 柑橘

柑橘内侧薄皮含有膳食纤维及果胶，可降低胆固醇。

白色水果

梨

学名：Pyrus spp
分类：蔷薇科梨属
原产地：亚洲东部，日本和朝鲜

可抑制致癌物质亚硝胺形成的“百果之宗”

梨素有“百果之宗”的美誉，在世界果品市场上，苹果、梨子和橙子被并称为“三大果霸”。梨可以润肺、祛痰化咳、通便秘、利消化，对心血管也有好处。

维生素C: 可改善铁、钙和叶酸的利用，促进胶原蛋白的合成，防止牙龈出血。

营养分析含量表

（每100克含量）

热量	40千卡
水分	88.8克
蛋白质	0.4克
脂肪	0.3克
碳水化合物	10.1克
钠	0.012克
维生素C	0.005克
膳食纤维	1.6克

营养与功效

❶ 梨含有丰富的B族维生素，能保护心脏，减轻疲劳，增强心肌活力，降低血压。

❷ 梨所含的配糖体及鞣酸等成分，能祛痰止咳，对咽喉有养护作用。

❸ 梨的果肉中含有较多糖类物质和多种维生素，易被人体吸收，能增进食欲，对肝脏具有保护作用。

❹ 经常食梨，能防止动脉粥样硬化，抑制致癌物质亚硝胺的形成，从而防癌抗癌。

❺ 梨中的果胶含量很高，有助于消化、通利大便。

❻ 梨性凉，能清热镇静，常食能使血压恢复正常，改善头晕目眩等症状。

食用宜忌

梨性偏寒，助湿，故脾胃虚寒、畏冷食者应少吃。梨含果酸较多，胃酸多者不可多食。

选购妙招

梨要挑选果皮上的果斑愈密、愈粗大的，甜度才会愈高。同时要注意色泽是否均匀光滑，有无碰撞过的伤痕，果形端正匀称，拿起来也要有重量感。

储存方法

切片的梨可放在盐水中 5 分钟，再放入冰箱冷藏，要吃的时候再用清水洗净即可。也可在切口涂层柠檬汁或淋果糖，但不宜超过 3 天。如果是连皮的梨子也需要放置冷藏室，但不要超过 1 周。

红酒烩梨

原料：

梨 170 克，红酒 600 毫升，冰糖 8 颗，柠檬 20 克

做法：

❶ 洗净的梨切小瓣，去核，去皮，切薄片，备用。

❷ 取一个大碗，倒入备好的葡萄酒，加入梨片、柠檬片，撒上冰糖，搅匀。

❸ 置于阴凉干燥处，腌渍约 10 小时，至酒味浸入梨片中即可。

< 水果搭配营养升级推荐 >

❶ 梨 + 白萝卜

白萝卜有助于增强机体的免疫功能，提高抗病能力。

❷ 梨 + 芒果

芒果未成熟的果实及树皮、茎能抑制大肠杆菌等，可治疗人体皮肤、消化道感染疾病。

❸ 梨 + 香菇

香菇有补肝肾、益气血、益智安神、美容颜的功效。

白色水果

甘蔗

学名：Saccharum officinarum
分类：禾本科甘蔗属
原产地：印度

营养分析含量表

（每 100 克含量）

热量	64.05 千卡
碳水化合物	16.00 克
脂肪	0.10 克
蛋白质	0.40 克
膳食纤维	0.60 克

含铁量在各种水果中雄踞“冠军”

甘蔗汁多味甜，营养丰富，被称为“果中佳品”，更有 “秋日甘蔗赛过参”之说，是制造蔗糖的原料。全世界有 100 多个国家出产甘蔗，最大的甘蔗生产国是巴西、印度和中国。

膳食纤维：膳食纤维可吸附大量水分，增加粪便量，促进肠蠕动，使致癌物质在肠道内的停留时间缩短，预防肠癌发生。

营养与功效

❶ 甘蔗含有丰富的铁、钙、磷、锰、锌等人体必需的微量元素，其中铁的含量特别多，居水果之首，故甘蔗素有“补血果”的美称。

❷ 中医认为，甘蔗入肺、胃二经，具有清热、生津、下气、润燥、补肺益胃的特殊效果，可辅助治疗因热病引起的伤津、心烦口渴、反胃呕吐，肺燥引发的咳嗽、气喘。

❸ 甘蔗还可以通便解结，饮其汁还可缓解酒精中毒。甘蔗甘寒多汁，是暑热季节的天然饮料佳品。

食用宜忌

禁止食用霉变的甘蔗，霉变的甘蔗毒性很大，中毒后可损伤中枢神经系统，严重的还会导致昏迷和死亡。同时慢性胃炎、胃溃疡、消化不良以及糖尿病患者不宜食用甘蔗。

选购妙招

中等粗细、节头少、比较均匀的甘蔗往往比较甜，过粗过细都不建议买。一般会挑紫皮甘蔗，皮泽光亮有白霜，颜色越黑越好，因为甘蔗越老越黑，越老越甜。看甘蔗的瓤部是否新鲜，一般新鲜甘蔗质地坚硬，瓤部呈乳白色，有清香味；霉变的甘蔗瓤部颜色比正常甘蔗深，呈浅褐色。

储存方法

一根甘蔗买回来分 2~3 天吃完为好。不吃的部分不要用水清洗，最好竖着放在通风处；或用保鲜膜包好，放入冰箱里冷藏。但时间也不能太久，最好还是当天吃完。

甘蔗木瓜炖银耳

原料：

水发银耳 150 克，无花果 40 克，莲子 80 克，甘蔗 200 克，木瓜 200 克，红糖 60 克

做法：

❶ 银耳去根部切块，甘蔗敲破切段，木瓜去皮切丁。

❷ 锅中注水烧开，放入莲子、无花果、甘蔗、银耳。

❸ 加盖，烧开后用小火炖 20 分钟，至食材熟软，放入木瓜，小火再炖 10 分钟，放入红糖，拌匀至溶化即可。

< 水果搭配营养升级推荐 >

❶ 甘蔗 + 玉米

可防治便秘、肠炎、肠癌等。

❷ 甘蔗 + 马蹄

有润肺化痰、生津的作用。马蹄所含的淀粉及粗蛋白能促进大肠蠕动，粗脂肪增加了润肠通便的作用。

❸ 甘蔗 + 莱菔子

莱菔子可消积滞、化痰热、下气、宽中、解毒。

白色水果

荔枝

学名：Litchi chinensis Sonn.

分类：无患子科荔枝属

原产地：中国南部

健脾生津、理气止痛的食疗佳果

荔枝所含的天然葡萄糖特别多，对补血健肺有特殊的功效，对血液循环、产温机能有特殊的促进作用，所以荔枝可当成食疗品以滋补身体，对心脏衰弱、肺弱之人有益。

维生素C：有抗氧化作用，补充维生素C可抑制色素斑的生成，促进其消退。

营养与功效

❶ 荔枝营养丰富，含葡萄糖、蔗糖、蛋白质、脂肪以及维生素A、B、C等，并含叶酸、精氨酸、色氨酸等各种营养素，对人体健康十分有益。荔枝具有健脾生津、理气止痛之功效，适用于身体虚弱、病后津液不足、胃寒疼痛、疝气疼痛等症。

❷ 荔枝含有丰富的维生素，可促进微细血管的血液循环，防止雀斑的生成，令皮肤更加光滑细腻。

❸ 研究证明，荔枝对大脑组织有补养作用，能明显改善失眠、健忘、神疲等，还有消肿解毒、止血止痛的作用。

营养分析含量表

（每100克含量）

热量	59千卡
水分	83.5克
蛋白质	1.0克
脂肪	0.3克
碳水化合物	14.8克
钠	0.006克
维生素C	0.051克
膳食纤维	1.3克

食用宜忌

不宜空腹食用；不宜大量进食荔枝；糖尿病人慎吃；尽量不要吃水泡的荔枝。

选购妙招

荔枝的外观要皮红、皮皱、皮薄、荔头大；至于肉厚、粒小就得试吃才知道。

储存方法

选购荔枝时应挑选新鲜的，以利于较长时间的保存。荔枝营养价值高，买来一时吃不完的话，可用塑料袋密封后放在阴凉处，一般可以保存 3 天。若有条件，可将装荔枝的塑料袋浸入水中，这样荔枝经过几天后色、香、味仍保持不变。

荔枝基围虾

原料：

荔枝 200 克，基围虾 200 克，盐 7 克，鸡粉 3 克，水淀粉 8 毫升，食用油适量

做法：

❶ 荔枝去蒂，用刀将荔枝肉尖部切平，去壳、核。
❷ 基围虾去头、去壳、去虾线，留虾尾的壳。
❸ 碗中加少许盐、鸡粉、水淀粉，拌匀腌渍 5 分钟。
❹ 荔枝肉加盐焯水，虾仁炸至变色。
❺ 锅底留油注水，加盐、鸡粉、水淀粉，制成稠汁。
❻ 把虾仁塞入荔枝肉中，露出虾尾，摆盘，浇稠汁。

< 水果搭配营养升级推荐 >

❶ 荔枝 + 香蕉

香蕉有促进肠胃蠕动、润肠通便、助消化的作用。

❷ 荔枝 + 酸奶

酸奶能促进消化液的分泌，增加胃酸，促进食欲。

❸ 荔枝 + 虾

虾的营养价值极高，能增强人体的免疫力和性功能。

白色水果

红毛丹

学名：Nephelium lappaceum L.

分类：无患子科韶子属

原产地：亚洲热带，中国广东和台湾

营养分析含量表

（每 100 克含量）

热量	79 千卡
碳水化合物	17.5 克
脂肪	1.2 克
蛋白质	1 克
膳食纤维	1.5 克

有丰富维生素和矿物质的“毛茸茸之物”

红毛丹含有丰富的钙质、磷质与维生素 C，长期食用可润肤养颜、清热解毒、增强人体免疫力。红毛丹果实营养丰富，可供鲜食和加工制罐头，此外还可制蜜饯、果酱、果冻和酿酒。

膳食纤维：对降低血糖、血脂有一定功效，具有良好的清理肠道的作用，还有预防肠癌的作用。

营养与功效

❶ 红毛丹的果肉含葡萄糖、蔗糖、丰富的维生素、氨基酸、碳水化合物和多种矿物质。其性温味甘，果肉香甜美厚而多汁。

❷ 有人称它为“中国岭南的荔枝”，更有“毛荔枝”的别名。

❸ 红毛丹果肉黄白色，半透明，汁多，肉脆爽，味清甜或甜酸可口，或有香味。

❹ 红毛丹优良品种果大，皮薄，核小肉厚，肉核分离，肉脆香甜可口。

食用宜忌

胃炎、消化性溃疡、阳虚体质者忌用。红毛丹的果核上有一层坚硬且脆的保护膜，这层膜人的肠胃是无法消化的，吃到肚子里会划破肠胃内壁，食用时一定要将这层膜剔除干净。

选购妙招

红毛丹熟果的颜色呈鲜红色或略带黄色。在选购时同荔枝一样，要看其外表是否美观，皮色是否鲜红，外表新鲜的果实，品质口感自然鲜美。以果皮表面柔毛红中带绿的果实品质最佳。选购时应挑软刺细长新鲜、果体外表无黑斑、果粒大且匀称、皮薄而肉厚者便是上品。

储存方法

红毛丹要即买即食，不宜久藏，在常温下经3天即变色生斑。若量多过剩时，可密封于塑胶袋中，放冰箱冷藏，可保鲜10天左右。因红毛丹果实长满软刺，最易藏污纳垢，故一定要仔细清洗干净，并用纸巾拭干或晾干，再行剥皮取食，才不会污染到果肉。

香酥红毛丹

原料：

红毛丹160克，肉末75克，鸡蛋1个，面包糠适量，姜末、葱花各少许，盐、鸡粉各2克，料酒、生抽各4毫升，生粉、水淀粉、食用油各适量

做法：

❶ 红毛丹去皮，去核，留果肉待用。

❷ 肉末撒姜末、葱花，加料酒、生抽、盐、鸡粉、水淀粉制成肉馅。鸡蛋加生粉、清水搅拌成蛋糊。

❸ 红毛丹肉盛入肉馅包好，依次滚上蛋糊、面包糠，制成肉丸生坯，放入油锅炸熟即可。

< 水果搭配营养升级推荐 >

❶ 红毛丹 + 薄荷

薄荷适宜外感风热、头痛目赤、咽喉肿痛者食用。

❷ 红毛丹 + 虾

虾中含有丰富的镁，适当食用能保护心血管系统。

❸ 红毛丹 + 菠萝

菠萝能防止皮肤干裂，滋润头发的光亮，同时可以消除身体的紧张感和增强机体的免疫力。

白色水果

雪莲果

学名：Smallanthus sonchifolius

分类：菊科菊薯属

原产地：南美洲的安第斯山脉

糖尿病患者也可以放心食用

雪莲果具有清凉退火、清热解毒、健胃整肠、软化血管的保健作用，富含蛋白质、藻角质、矿物质，还有祛痰、抗菌活血、降血压的功效。雪莲果中的果寡糖含量是所有植物中最高的，果寡糖不仅可调理肠胃、滋润肠道，便秘的人吃了也会有所改善，更能消火通畅。雪莲果不仅可以生吃，还可以制成各种料理或榨成鲜果汁。

钙元素：人的一生都需要补钙，钙不仅可以控制心率和血压，还参与了肌肉的收缩活动。

营养与功效

❶ 雪莲果可以促进肠道蠕动、清除肠道垃圾，改善便秘、防止腹泻，改善肠胃功能。

❷ 雪莲果可促进人体内 B 族维生素合成，提高机体新陈代谢水平，增强免疫力和抗病力，同时促进钙、镁、铁等矿物质的吸收。

❸ 雪莲果含有甜味的果寡糖，人体内没有酶可以水解这种碳水化合物，糖尿病患者也可以放心食用雪莲果。由于糖尿病患者在食用雪莲果后必然会减少其他食物的摄入，因此多食雪莲果对糖尿病患者来说也是一种饮食控制。

营养分析含量表

（每 100 克含量）

热量	60 千卡
脂肪	0.3 克
碳水化合物	10.6 克
膳食纤维	1.7 克
蛋白质	2 克
钙	0.087 克

食用宜忌

糖尿病患者、体虚者宜多食。

选购妙招

因为是根状水果，选择表面平滑，没有磕碰或者节、芽、坑等情况的果子，饱满些的、均匀状的表面积与体积比相对较小，这样果实水分含量多，为佳。

储存方法

从土里挖出后，可用报纸包覆放进冰箱冷藏，可存放 3~4 天。若切开和去皮后，暴露在空气中就会因氧化作用变成褐色，为防止变色，可将去皮切开的雪莲果放在清水中浸泡，以防止变色。

雪莲果银耳甜汤

原料：

雪莲果 150 克，水发银耳 100 克，红枣 25 克，冰糖 30 克，枸杞 10 克

做法：

❶ 洗好的银耳去根部切块，雪莲果去皮切丁，备用。

❷ 砂锅中注水烧开，倒入雪莲果，加红枣、枸杞，放入银耳，搅拌匀。

❸ 加盖，烧开后用小火煮 20 分钟，至食材熟透。

❹ 放入冰糖煮至溶化。

❺ 将煮好的甜汤盛出，装入碗中即可。

< 水果搭配营养升级推荐 >

❶ 雪莲果 + 胡萝卜

胡萝卜降低血脂，促进肾上腺素的合成，还有降压、强心作用，是高血压、冠心病患者的食疗佳品。

❷ 雪莲果 + 百合

百合甘凉清润，清心安神定惊，可治肺阴虚的燥热咳嗽。

❸ 雪莲果 + 鸡肉

鸡肉具有温中益气、补精填髓、益五脏、补虚损的功效。

白色水果

人参果

学名：Solanum muricatum Aiton
分类：茄科茄属
原产地：美洲

营养分析含量表

（每 100 克含量）

热量	87 千卡
钾	0.1 克
碳水化合物	21.2 克
维生素 C	0.012 克
维生素 A	0.008 克
蛋白质	0.6 克
胡萝卜素	0.05 克
钙	0.91 克

富含其他水果所不含的硒元素

每 100 克人参果鲜果中含钙量高达 910 毫克，高于一切蔬菜和水果，是西红柿的 114 倍、黄瓜的 36.4 倍，最可贵的是富含其他水果所不含的硒元素和大量维生素等。

胡萝卜素：可以维持眼睛和皮肤的健康，改善夜盲症、皮肤粗糙的状况，有助于身体免受自由基的伤害。

营养与功效

❶ 人参果果实有淡雅的清香，果肉清爽多汁，风味独特，高蛋白、低糖、低脂，还富含维生素 C 及多种人体所必需的微量元素，尤其是硒、钙的含量大大高于其他水果和蔬菜。

❷ 人参果有抗癌、抗衰老、降血压、降血糖、消炎、补钙、美容等功能。

食用宜忌

人参果具有抗衰老、抗肿瘤、降低血糖、稳定血压的功效，患有糖尿病、冠心病、高血压的朋友可以多吃一些人参果，从而起到强身保健的作用。

人参果中的硒含量超过了现在许多蔬菜和水果，是维持机体正常生命活力的微量元素之一，能激活人体细胞、增强机体的活力，对各种癌症和冠心病、高血压、糖尿病有良好的防治作用。

人参果富含营养，孕妇可以适量吃。

糖尿病患者不宜多吃甜味人参果，而应食低糖品种人参果。

选购妙招

现在市面上销售的人参果有沙甜和脆甜两个品种：沙甜口感的人参果果皮发白，有花纹，果形较大；脆甜口感的人参果果皮发青，花纹少，而且果形要小一些。在挑选时，如果发现果皮发黄，则说明该果实放置的时间比较长，不新鲜。

储存方法

由于人参果是一种易腐烂、易变质的水果，因此不论是销售商还是食用者都要特别注意对人参果的储存。可以放置在冷藏室、保鲜柜内保存。

人参果雪梨汁

原料：

人参果 100 克，雪梨 120 克

做法：

❶ 洗净的雪梨切开，去核，改切成小块。

❷ 洗好的人参果切成小块，备用。

❸ 取榨汁机，选择搅拌刀座组合，将切好的水果倒入杯中。

❹ 加入适量纯净水。

❺ 选择“榨汁”功能，榨取果汁，倒入杯中即可。

< 水果搭配营养升级推荐 >

❶ 人参果 + 银耳

银耳可补脾开胃、益气清肠、安眠健胃、养阴清热。

❷ 人参果 + 莲子

莲子有显著的强心作用，能扩张外周血管，降低血压。

❸ 人参果 + 枸杞

可以治疗口舌生疮，并有助于睡眠。枸杞可用作补益药，补脾止泻、益肾涩精、养心安神。

白色水果

蛇皮果

学名：Salacca zalacca.
分类：棕榈科蛇皮果属
原产地：巴厘岛

有“记忆之果”美誉的美容水果

蛇皮果的营养价值很高，果肉中的营养元素钾和果胶含量在所有水果中名列前茅。在东南亚地区，蛇皮果又有“美容果”的称誉。它是水果中钾含量最高的品种之一，因此有“记忆之果”的美誉。

铁元素：能促进吸收的元素，改善缺铁性贫血。

营养与功效

❶ 蛇皮果有一股类似果酒酿过头了的味道，前味是果醇味，中味夹杂着一些酸酵味。果肉却清甜脆爽，风味独特，特殊的气味和口感令人过齿难忘。少汁，果肉基本无汁液。味道有点像榴莲，不喜欢的人绝对吃不完小小一个，实在难以忍受心理和生理上的感觉，但喜欢的人一吃忘不掉。

❷ 蛇皮果有美容的效果。蛇皮果果肉含有对人体皮肤有益的成分，印尼本地姑娘经常将它作为美容水果食用。

❸ 它是水果中钾含量最高的品种之一，果胶含量也很丰富，对人脑十分有益，有“记忆之果”的美誉。

营养分析含量表

（每 100 克含量）

热量	321.97 千卡
蛋白质	0.5 克
碳水化合物	20.9 克
钙	0.028 克
脂肪	0.018 克
铁	0.0042 克
维生素 C	0.02 克

食用宜忌

蛇皮果对长时间用脑人群特别适合，有美容益肤的功效。

蛇皮果所含热量较高，虚热引起的咳嗽患者应当禁食。

选购妙招

❶ 选购蛇皮果时一定要挑新鲜的，应选择外皮光泽且没有伤疤的。

❷ 闻一下蛇皮果，看看有没有一种自然的清香气，如果有说明这些蛇皮果是很好的，会特别好吃。

储存方法

蛇皮果属热带水果，不适宜放冰箱储存。

酸奶水果沙拉

原料：

蛇皮果、哈密瓜、橙子、草莓、圣女果各 50 克，酸奶适量

做法：

❶ 把除圣女果外的所有水果去皮切块。

❷ 圣女果对半切开。

❸ 将切好的水果放入玻璃碗中，倒入适量酸奶。

❹ 用勺子拌匀。

❺ 另取一个干净的盘子，盛入拌好的食材，摆好盘即成。

< 水果搭配营养升级推荐 >

❶ 蛇皮果 + 酸奶

酸奶是对抗癌症的最佳食物。

❷ 蛇皮果 + 蜂蜜

经常服用蜂蜜能帮助消化。

❸ 蛇皮果 + 苹果

苹果的营养成分可溶性大，易被人体吸收，故有“活水”之称，有利于溶解硫元素，使皮肤润滑柔嫩。

白色水果

马蹄

学名：Heleocharis dulcis (Burm. f.) Trin.

分类：莎草科荸荠属

原产地：印度

营养分析含量表（每 100 克含量）	
热量	79 千卡
蛋白质	2.0 克
脂肪	0.1 克
碳水化合物	18.8 克
磷	0.064 克
钾	0.45 克
膳食纤维	2.1 克

含“荸荠英”的防病食品

马蹄中的“荸荠英”对肺部、食道和乳腺的癌症有防治作用。马蹄还有预防急性传染病的功能，在麻疹、流行性脑膜炎较易发生的春季，是很好的防病食品。马蹄是寒性食物，有清热泻火的良好功效。

荸荠英：这种物质对金黄色葡萄球菌、大肠杆菌、产抽杆菌及绿脓杆菌均有一定的抑制作用，对降低血压也有一定效果。

营养与功效

❶ 马蹄是低酸性、低蛋白质的蔬果，口感十分清脆，营养成分中含大量淀粉质、维生素 C、维生素 A，能减轻沉着皮肤表面的色素。

❷ 马蹄中磷元素含量较高，可帮助人体生理和骨骼成长发育，又可促进体内营养物质的代谢，提高体质的酸碱平衡，亦可预防急性传染病，是很好的防病食品。

食用宜忌

一般人群均可食用马蹄。

儿童和发烧病人最宜食用，咳嗽多痰、咽干喉痛、消化不良、大小便不利、癌症患者也可多食；对高血压、便秘、糖尿病尿多者、小便淋沥涩通者、尿路感染患者均有一定功效，而且还可预防流脑及流感的传播。

马蹄性寒，属于生冷食物，不适宜消化力弱的小儿及脾胃虚寒、大便溏泄和有血瘀者食用。另外，对老人虽有些好处，但多吃会气急攻心。

选购妙招

优质的马蹄以皮薄、肉白、芽粗短、无破损、略带泥土的为好。选购时，要选择挫伤跟软斑少的，以形状完整、果实坚硬者为佳。要注意观察有无变质、发软、腐败等状况。还可以用手挤马蹄的角，如果浸泡过，手上会粘上黄色的汁液。

储存方法

马蹄是相当容易腐坏的，最好不去皮保存。新鲜马蹄可以被水覆盖然后放在容器里冰在冰箱，这样可以保存 2 个星期。生的没去皮的马蹄可以在冷冻库中保存 6 个月。如果是熟的，应磨成泥，则可以保存 1 年之久。

马蹄柚子柠檬汁

原料：

去皮马蹄 110 克，柠檬 40 克，柚子 170 克

做法：

❶ 洗净去皮的马蹄对半切开。
❷ 洗净的柠檬去皮，去籽，切块。
❸ 处理好的柚子切成小块，待用。
❹ 备好榨汁机，倒入柚子块、马蹄、柠檬块。
❺ 倒入适量的凉开水。
❻ 盖上盖，调转旋钮至 1 档，榨取果汁。

< 水果搭配营养升级推荐 >

❶ 马蹄 + 丝瓜

丝瓜有止咳化痰、凉血解毒的作用。

❷ 马蹄 + 绿豆

绿豆能够清暑益气、止渴利尿，不仅能补充水分，还能补充无机盐。

❸ 马蹄 + 橄榄

食用橄榄有益健康，含钙较多，有助于儿童骨骼发育。

白色水果

菠萝莓

学名：Pneberry
分类：蔷薇科草莓属
原产地：美国

有助于饭后消化

菠萝莓是草莓的一个品种，属多年生草本植物，味道与菠萝出奇相似。这种水果外形像草莓，味道像菠萝，又名“白草莓”。菠萝莓的营养价值非常高，有健脾胃、补充维生素 C 的功效。

维生素 C：是高等灵长类动物与其他少数生物的必需营养素，是一种抗氧化剂，保护身体免于自由基的威胁。维生素 C 主要来源于新鲜水果和蔬菜。

营养与功效

❶ 菠萝莓中的鞣酸含量丰富，具有防癌作用。

❷ 菠萝莓中的胡萝卜素是合成维生素 A 的重要物质，具有明目养肝的作用。

营养分析含量表
（每 100 克含量）
维生素 C…………0.06 克

选购妙招

挑选的时候应该尽量挑选全果鲜白均匀、色泽鲜亮、有光泽的。蒂头叶片鲜绿、有细小绒毛、表面光亮、无损伤腐烂的才是好菠萝莓。

储存方法

买回来后应尽快吃完，没吃完可先放入冰箱。